灰色系统丛书

刘思峰 主编

医学灰关联理论与应用

谭学瑞 著

科学出版社

北京

内 容 简 介

本书主要包括：动态成组序列的灰关联分析、遍历性灰关联空间理论方法、灰关联极性分析、灰关联序检验、多层次灰关联的公理体系以及临床试验的灰关联理论与方法及其医学研究分析的应用案例等内容.

本书适合爱好灰色系统理论方法的医学研究生和科技工作者参考.

图书在版编目（CIP）数据

医学灰关联理论与应用/谭学瑞著. —北京：科学出版社，2019.6
（灰色系统丛书）
ISBN 978-7-03-060944-1

Ⅰ.①医… Ⅱ.①谭… Ⅲ.①灰色系统理论–应用–医学–研究
Ⅳ.①N941.5②R

中国版本图书馆 CIP 数据核字(2019) 第 058756 号

责任编辑：李静科 李 萍／责任校对：彭珍珍
责任印制：吴兆东／封面设计：无极书装

科 学 出 版 社 出版
北京东黄城根北街 16 号
邮政编码：100717
http://www.sciencep.com

北京盛通商印快线网络科技有限公司 印刷
科学出版社发行 各地新华书店经销
*

2019 年 6 月第 一 版 开本：720 × 1000 B5
2019 年 10 月第二次印刷 印张：8
字数：164 000
定价：58.00 元
（如有印装质量问题，我社负责调换）

谨以此书纪念恩师邓聚龙教授!

丛 书 总 序

灰色系统理论是1982年中国学者邓聚龙教授创立的一门以"小数据,贫信息"不确定性系统为研究对象的新学说. 新生事物往往对年轻人有较大吸引力, 在灰色系统研究者中, 青年学者所占比例较大. 虽然随着这一新理论日益被社会广泛接受, 一大批灰色系统研究者获得了国家和省部级科研基金的资助, 但在各个时期仍有不少对灰色系统研究有兴趣的新人暂时缺乏经费支持. 因此, 中国高等科学技术中心(China Center of Advanced Science and Technology, CCAST) 的长期持续支持对于一门成长中的新学科无疑是雪中送炭. 学术因争辩而产生共鸣. 热烈的交流、研讨碰撞出思想的火花, 促进灰色系统研究工作不断取得新的进展和突破.

由科学出版社推出的这套"灰色系统丛书", 包括了灰色系统的理论、方法研究及其在医学、水文、人口、资源、环境、经济预测、作物栽培、复杂装备研制、电子信息装备试验、空管系统安全监测与预警、冰凌灾害预测分析、宏观经济投入产出分析、农村经济系统分析、粮食生产与粮食安全、食品安全风险评估及预警、创新管理、能源政策、联网审计等众多领域的成功应用, 是近10年来灰色系统理论研究和应用创新成果的集中展示.

CCAST是著名科学家李政道先生在世界实验室、中国科学院和国家自然科学基金委员会等部门支持下创办的学术机构, 旨在为中国学者创造一个具有世界水平的宽松环境, 促进国内外研究机构和科学家之间的交流与合作; 支持国内科学家不受干扰地进行前沿性的基础研究和探索, 让他们能够在国内做出具有世界水平的研究成果. 近30年来, CCAST每年都支持数十次学术活动, 参加活动的科学家数以万计, 用很少的钱办成了促进中国创新发展的大事. CCAST(特别是学术主任叶铭汉院士) 对灰色系统学术会议的持续支持, 极大地促进了灰色系统理论这门中国原创新兴学科的快速成长. 经过30多年的发展, 灰色系统理论已被全球学术界所认识、所接受. 多种不同语种的灰色系统理论学术著作相继出版, 全世界有数千种学术期刊接受、刊登灰色系统论文, 其中包括各个科学领域的国际顶级期刊.

2005年, 经中国科协和国家民政部批准, 中国优选法统筹法与经济数学研究会成立了灰色系统专业委员会, 挂靠南京航空航天大学. 国家自然科学基金委员会、CCAST、南京航空航天大学和上海浦东教育学会对灰色系统学术活动给予大力支持. 2007年, 全球最大的学术组织IEEE总部批准成立IEEE SMC灰色系统委员会, 在南京航空航天大学举办了首届IEEE灰色系统与智能服务国际会议(GSIS). 2009年和2011年, 南京航空航天大学承办了第二届、第三届IEEE(GSIS).

2013 年，在澳门大学召开的第四届 IEEE GSIS 得到了澳门特区政府资助. 2015 年，在英国 De Montfort 大学召开的第五届 IEEE GSIS 得到了欧盟资助. 2017 年 7 月，第六届 IEEE GSIS 将在瑞典斯德哥尔摩大学举办.

在南京航空航天大学，灰色系统理论已成为本科生、硕士生、博士生的一门重要课程，并为全校各专业学生开设了选修课. 2008 年，灰色系统理论入选国家精品课程；2013 年，又被遴选为国家精品资源共享课程，成为向所有灰色系统爱好者免费开放的学习资源.

2013 年，笔者与英国 De Montfort 大学杨英杰教授合作，向欧盟委员会提交的题为"Grey Systems and Its Application to Data Mining and Decision Support"的研究计划，以优等评价入选欧盟第 7 研究框架玛丽·居里国际人才引进行动计划 (Marie Curie International Incoming Fellowships, PEOPLE-IIF-GA-2013-629051). 2014 年，由英国、中国、美国、加拿大等国学者联合申报的英国 Leverhulme Trust 项目以及 26 个欧盟成员国与中国学者联合申报的欧盟 Horizon 2020 研究框架计划项目相继获得资助. 2015 年，由中国、英国、美国、加拿大、西班牙、罗马尼亚等国学者共同发起成立了国际灰色系统与不确定性分析学会 (International Association of Grey Systems and Uncertainty Analysis).

灰色系统理论作为一门新兴学科以其强大的生命力自立于科学之林.

这套"灰色系统丛书"将成为灰色系统理论发展史上的一座里程碑. 她的出版必将有力地推动灰色系统理论这门新学科的发展和传播，促进其在重大工程领域的实际应用，促进我国相关科学领域的发展.

刘思峰

南京航空航天大学和英国 De Montfort 大学特聘教授

欧盟玛丽·居里国际人才引进计划 Fellow (Senior)

国际灰色系统与不确定性分析学会主席

2015 年 12 月

前　　言

　　本书的核心内容主要来源于作者1997年在灰色系统理论创始人邓聚龙教授指导下完成的博士学位论文. 收笔之际, 谨向天堂中的恩师作揖告慰!

　　书中收录了国家自然科学基金项目 "临床试验的灰关联方法学研究 (No.30271158)" 和 "慢性非传染性疾病的灰关联模型方法 (No.81172776)" 的点滴成果. 本书对丰富医学资料分析方法论的内容, 为医学科研提供新手段, 同时为灰关联分析的医学应用发挥积极作用.

　　书中许多研究成果, 得益于同行、前辈的支持. 中国人民解放军第三〇五医院原副院长杨虎生教授, 西安医科大学第二附属医院原副院长叶复来教授、心内科杜旭教授、干部病房黄文德主任, 山东大学史开泉教授, 西安医科大学第二附属医院赵晓兰教授、段学蕴教授、裘佩春教授、刘宝荔老师、赵引棉老师、石焕荣老师等为作者提供了实验指导以及医学科研资料. 中央党校科技哲学教研室吴义生教授等给予了作者理论指导. 在此一并表示衷心感谢.

　　书稿整理过程中, 汕头大学医学院第一附属医院徐八一博士付出了大量的劳动, 并提出了宝贵意见. 陈晓军博士、博士研究生陈少杏、硕士研究生沈雪君、郑佳纯、严静怡等在编辑和校对工作中付出了辛勤汗水, 在此一并表示感谢.

　　由于作者水平有限, 疏漏之处恳请广大读者不吝赐教.

谭学瑞
2019 年 6 月

目　　录

丛书总序
前言
第一章　绪论 ·· 1
　第一节　数理医学 ··· 1
　　一、数学模型 ··· 1
　　二、数理统计 ··· 2
　　三、现代数学方法与系统科学方法 ····························· 2
　第二节　灰色系统与医学 ··· 3
　　一、灰色系统主要特征 ·· 3
　　二、医学灰色系统 ··· 4
　第三节　医学灰关联研究状况 ······································ 9
　　一、医学灰关联研究现状 ··· 10
　　二、灰关联基础知识 ·· 11
第二章　医学灰关联分析与统计学相关分析的对比 ········ 15
　第一节　非典型分布医学资料灰关联分析 ··················· 15
　　一、原始数据的正态性分布检验 ······························ 16
　　二、相关分析 ··· 16
　　三、灰关联分析 ··· 16
　　四、灰关联分析与相关分析的对比 ··························· 17
　第二节　小样本医学资料灰关联分析 ·························· 17
　　一、相关分析 ··· 18
　　二、灰关联分析 ··· 19
　　三、灰关联分析与相关分析的对比 ··························· 19
　第三节　较大样本正态分布医学资料灰关联分析 ········ 19
　　一、原始数据正态性检验 ··· 21
　　二、相关分析 ··· 21
　　三、灰关联分析 ··· 21
　　四、灰关联分析与相关分析的对比 ··························· 22
　　五、讨论 ·· 22

本章小结 ·· 22

第三章　动态成组序列的灰关联分析 ······················ 24
第一节　基本理论 ·· 24
　　一、成组灰关联因子空间 ······································ 24
　　二、成组灰关联系数及灰关联度算式 ························ 25
　　三、成组灰关联公理 ·· 25
第二节　应用实例 ·· 27
　　一、成组灰关联分析 ·· 30
　　二、关于结果、机制的讨论 ···································· 34
本章小结 ·· 36

第四章　遍历性灰关联空间及其医学应用 ················ 37
第一节　基本理论 ·· 37
第二节　应用实例 ·· 39
本章小结 ·· 45

第五章　灰关联极性分析理论与应用 ······················ 46
第一节　基本理论 ·· 46
　　一、基本定义、命题及定理 ···································· 46
　　二、分析步骤 ·· 47
第二节　应用实例 ·· 47
本章小结 ·· 52

第六章　广义灰关联度与灰关联序检验 ··················· 53
第一节　广义灰关联度 ·· 53
第二节　灰关联序检验 ·· 55
第三节　广义灰关联度及灰关联序检验的意义 ·········· 55
本章小结 ·· 59

第七章　多层次灰关联理论与应用 ·························· 60
第一节　基本理论 ·· 60
第二节　应用实例 ·· 64
本章小结 ·· 75

第八章　灰关联分析在临床试验中的应用 ················ 76
第一节　临床试验的灰关联评估 ··························· 76
　　一、基本模式 ·· 76
　　二、试验步骤设计 ·· 80
　　三、临床试验的灰关联评估 ··································· 80
第二节　临床试验的灰关联对比分析 ······················ 83

一、基本模式 ·· 83
　　二、临床试验的灰关联对比分析 ·· 84
　第三节　理想值化和权重灰关联分析方法 ·· 88
　　一、理想值化 ·· 88
　　二、权重灰关联分析方法 ·· 88
　本章小结 ·· 93
第九章　重大医学课题灰关联研究简介 ·· 94
　　一、研究人群 ·· 94
　　二、极性灰关联分析 ·· 94
　本章小结 ·· 98
参考文献 ·· 99
附录　作者团队近年来医学灰关联应用性成果列题 ······································ 114

第一章 绪 论

第一节 数理医学

早在 19 世纪, 马克思就深刻地指出: "一种科学, 只有在成功地应用了数学之后, 才算达到了真正完善的地步"[1]. 数学应用于医学, 是在 20 世纪开始的[2]. 初期仅限于比较经典的方法[3-8]. 采用现代数学理论与方法研究医学问题已有近 70 年的历史, 而且越来越活跃、深入[9-21]. 近年来, 大数据理论方法的引入, 使医学数学化的进程日新月异. 可望在不远的将来, 以医学数据为基础, 以数理方法为基本手段, 借以程序过程和最新的信息化技术, 产生数理医学的新形态.

一、数学模型

1906 年, Hamer 提出, 疾病必须依赖于易感人数以及易感者与感染者之间的接触率. 这为后来建立各种传染病流行的数学模型提供了思想基础, 揭开了数理医学的序幕. 继 Hamer 之后, Muench 用类比移植的方法建立了流行病学中的催化微分方程模式. 20 世纪 60 年代, Assaad 等用简单催化曲线拟合我国台湾总沙眼年龄现患率. 同期, Sundaresan 等用催化模型评价沙眼预防效果也取得了显著成果[12].

早期的疾病数学模型研究多是经典数学模型, 如 Mobitz 和 Wiener 等开创的心律失常数学建模[22,23]. 20 世纪 60 年代至 70 年代, Levine, Martorana 和 Moro 研究了血液学生化理论的线性化数学模型[24-26]. 1989 年, Khanin 和 Semenov 在线性模型的启发下, 又研究了血液学生化理论的非线性数学模型[27].

20 世纪 70 年代至 80 年代是医学数学模型的鼎盛时期, 先后提出了白细胞生成控制模型、白细胞生成方程[28-30]、返回抑制的动力学数学模型[16-18]、药物动力学模型[21]、细胞周期的成熟增殖连续模型[31] 和疾病诊断治疗模型[32] 等. 1979 年, Lauffenburger 等还成功地建立了细菌和白细胞相互作用的动态方程模型[33].

Lamule 和 Griffiu 于 1985 年研究了外源性凝血路径力学模型. Garnett 等于 1987 年提出了体循环与肺循环通气模型[34]. Pham 和 Feldman 等提出了用极限环状态的非线性微分方程作为中枢呼吸振荡器的模型[35,36].

此外, 还有药理学中的一室、二室数学模型, 生理学中的细胞池模型, 遗传学中建立的 Hardy-Weiberg 定律等.

二、数理统计

1959 年, Ledley 和 Lusted 首先以数理逻辑和概率论研究和描述临床诊断的逻辑推理过程. 随后, Warner 首次成功地应用贝叶斯条件概率模型诊断先天性心脏病.

20 世纪 60 年代至 70 年代, Huber 等基于概率统计的思想, 以 "状态概率、状态转移矩阵" 研究了表示心率变化 (R-R 节律) 的 Markov 链模型, 并进一步提出了动态负荷条件下瞬时心率的指数模型, 提出了极大似然估计方法[37-41].

van der Kloot, Kita 和 Cohen 讨论了泊松过程的预测与实验数据之间的差异[42]. Gerstein 和 Mandelbrot 对耳蜗神经元的事件间分布使用了无规行走模型[43]. Lasota 和 Mackey 观察到许多确定性有限差分方程会产生指数型概率密度[44].

Smith 和 Martin 用细胞周期随机转变模型分析了有丝分裂[45]. Mackey, Santavy 和 Selepova 提出了另一个确定性细胞周期模型的假设[46]. 慢性粒细胞白血病患者的存活时间的统计特性是由 Wintrobe 于 1976 年发现的, 并由 Burch 于 1976 年拟合成指数函数及指数之和[47,48].

此外, 尚有脑电图时间序列的自回归-滑动平均模型. 而目前主要应用于医学统计学中的则是基于典型分布的显著性检验、相关与回归分析等数理统计方法[49-52], 其属于概率论范畴.

三、现代数学方法与系统科学方法

1948 年, Wiener 出版的《控制论》一书, 提出了控制论就是把 "机械装置、通信工程、计算机技术、神经生理学、病理学等学科, 以数学的纽带联系在一起, 研究系统中的信息传递和控制". 20 世纪 60 年代, 生物控制论发展成为新学科, 应用现代控制理论描述生命受控过程的数学模型大量涌现[14,20,31,32,53,54].

Bekey 和 Beneken 曾综述过生物医学系统中辨识和参数估计技术的应用概况, 其中列举了动物股动脉模型参数估计和功率自行车负荷下人体心率响应模型等[55-57]. Beyer 等辨识了人的闭环心血管系统, 并试图用动态模型对受试人员进行功能分类[58]. Deswysen 辨识了左心室及动脉系统的有关参数[59]. Clark 提出过一个心血管模型的两级辨识方案[60].

Versteeg 用跑台研究了不同负荷下狗的心输出量控制模型[61]. 潘华研究了血压控制系统中压力感受器的响应特性[62]. 马润津等建立了在弹射加速度作用下人体动态响应的数学模型[63].

1965 年 Zadeh 提出了模糊集合论, 创立了模糊数学[64]. 随后, Khanna 于 1976 年研究提出了模糊聚类诊断方法[65]. 1977 年中国科学院自动化研究所与原北京中医学院等合作, 用模糊模型成功地编制了著名老中医关幼波教授肝病辨证施治的计算机程序[66]. 1982 年孙洪元应用模糊数学方法评价人体心脏功能等[67].

1982 年，邓聚龙教授首创灰色系统理论[68]，很快引起了国内外医学界的广泛关注与应用。郭洪、马淑惠等于 1986 年将灰色系统理论应用于哮喘的防治研究，其成果获得了全军科技进步奖三等奖[69]。1991 年北京系统工程研究所邱学军研究员应用灰色系统理论研制的"中西医学诊断研究与测评系统"通过了专家鉴定[70]。

第 二 节　灰色系统与医学

医学从定性的病理学、实验的解剖学，走向数量化、模型化的数理医学是一大发展[71,72]。然而，第一节综述的所有的非灰色模型都是函数模型。从灰色系统理论的差异信息原理知，函数模型属于无穷信息空间，它追求大样本量，信息准则是无穷信息[73]。可是，从现有的实验手段看，医学信息相对于人体的命题信息域，总是属于少信息[52]。因此，我们力求在有限信息空间中，基于灰色系统的少数据、不确定性理论与医学的数学化、模型化、定量化相结合来研究数理医学。

一、灰色系统主要特征

1982 年，邓聚龙教授在 *Systems and Control Letters* 上发表的奠基之作 *Control problems of grey systems*，定义了灰色系统是信息不完全的系统[68]。此后，经过 30 余年的发展，灰色系统学科体系的独立性逐渐形成[73-81]。创始人的一系列理论、方法与应用研究，充分体现了灰色系统"研究有限样本，数据不充分及不确定性问题"的特征[82]。

1. 信息特征

首先，"有限信息"和"最少信息"是灰色系统的信息准则[73,82-87]。"新息优先"是灰色系统的信息观[73,74,78,82,88]。最少的信息、最新的信息，往往是最有效的信息、必要的信息[73,74,82,86,89]。灰色系统差异信息原理表明，差异是产生信息的条件，即凡信息必有差异[73,74,82-84,88-91]。由信息根据认知原理知，灰认知必有信息根据，不同根据有不同认知，信息的更新导致认知的发展，有效信息增加认知的效度[73,74,82,87,92]。因此，信息不在于多，而在于新、在于有效。

信息覆盖是描述、分析、综合、处置信息不完全、不确定的灰对象的依据，它是不完全、不确定信息的综合，是有限信息空间的架构，是灰推理、灰求解的基础[73,83,87,93-101]。由灰性不灭原理知，信息覆盖可以无限延拓；命题信息按层次存在，信息层次无限可分[73,82,102,103]。认知按层次进行和认知层次的无穷尽，导致人类认知无穷尽[73,82,104]。

2. 方法特征

灰色系统研究的数据基是序列[82]。由灰色系统的最少信息原理和差异信息原理知，(连续) 函数属于无穷信息空间[73,74,105,106]。因此，"非函数观 (即序列观)" 在灰色系统方法论中具有特别重要的意义[82]。

有限序列是最少信息的体现。依据有限的数据列，通过必要的灰生成手段，灰色系统可提供分析的可比数据、建模的合理数据、决策的同极性样本等[74,77,78,107,108]。其方针是充分利用有限的数据，达到建模、分析、预测、决策与控制等目的[74,77,78]。比如：

(1) 灰色关联分析模型的构造，每一序列最少只需 3 个数据[74,79]；

(2) 灰色动态模型的建立，最少只需 4 个数据[74,77,78,109−111]；

(3) 灰局势决策，每一目标最少只需 3 个样本[74,78,112]。

灰色系统的解是非唯一解。不完全、未确定的信息根据不可能有唯一解，见文献 [74,78,79,82,104]。例如，灰关联分析中，因数据预处理方法不同而导致灰关联序不同，是灰关联分析的多解性[82]。多解是客观的和现实的，条件、环境、要求等改变，必然导致过程与结果的不同。

在信息的利用上，灰色系统认为新信息优于老信息，新信息的权重大于老信息[82,88,92]。寻找和利用新信息，是为了更有效地处置问题，是追求现实规律的根据。例如，含新信息的 4 个数据 GM(1,1) 比含大量历史数据的 GM(1,1) 更能反映现实规律[77,78,82,92]。

3. 应用特征

由于灰色系统研究有限信息空间的问题，致力于现实规律的探索，因此，具有广泛的应用价值。据现有资料，灰色系统理论已被成功地应用于农业、工业、地质、军事、医学、交通、环境、教育、经济、管理、社会等领域，取得了实效[82,113,114]。

二、医学灰色系统

1. 医学信息特征

灰朦胧集关于命题信息的定义：描述某个集合 (基本) 属性的信息，称为该集合的命题信息；该集合称为命题集；命题信息的全体称为命题信息域。并且，命题信息按层次存在；命题信息的层次无穷；命题信息的显化按层次进行[73,82,87,95,102]。

下面介绍医学信息的表达。

定义 1.1 记 θ_i 为第 i 层医学信息，i = 个体，系统，器官，$\cdots$；

θ_{ij} 为 θ_i 中第 j 类医学信息，j = 病史，症状，体征，实验室检查，特殊检查，$\cdots$。

θ_{ijk} 为 θ_{ij} 中第 k 类医学信息，当 j = 病史时，则 k = 既往史，个人史，家族史，

$\cdots$; 当 $j =$ 实验室检查时, 则 $k =$ 血常规, 尿常规, 血生化, 血流变学, $\cdots$.

$$\theta_i = C_R \theta_{ij}, \quad A(i) \in A, \quad j \in A(i),$$

$$\theta_{ij} = C_R \theta_{ijk}, \quad A(i,j) \in A, \quad k \in A(i,j),$$

$$\theta_{ij\cdots l'} = C_R \theta_{ij\cdots l}, \quad A(i,j,\cdots,l') \in A, \quad l \in A(i,j,\cdots,l').$$

称 C_R 为医学灰结构, 其含义为 "医学组合" "医学综合" "医学灰和", $\cdots$.

称 A 为医学总指标集, $A(i), A(i,j), A(i,j,\cdots,l')$ 是医学指标集.

附注 1.1 医学指标集是对 C_R 的限制和约定.

定义 1.2 若令 D_α 是医学命题 $\wp$ 的 (信息) 子集, 即 D_α 是医学命题 $\wp$ 的命题信息域中的一部分, $\{D_\alpha\}$ 是 $\wp$ 命题子集簇; 若 D_α 的 "并" 包含了 $\wp$ 的全部信息, 称 $\{D_\alpha\}$ 为 $\wp$ 的信息覆盖, 记为 $C_V \wp$:

$$C_V \wp = \{D_\alpha | \alpha \in A\}. \quad \cup D_\alpha \supseteq \wp_{(\theta)}, \quad \alpha \in A,$$

$\wp_{(\theta)}$ 代表医学命题 $\wp$ 的命题信息域.

定义 1.3 令 $C_V \wp$ 为医学命题 $\wp$ 的信息覆盖, 即

$$C_V \wp = \{D_\alpha | \alpha \in A\}, \quad C_V \wp \supseteq \wp_{(\theta)}.$$

由定义 1.3, 医学命题一般有下述特征:

(1) $C_V \wp$ 中存在无限子集.

例 1.1 令 $C_V \wp_{(\mathrm{EH})}$ 为高血压 (Essential Hypertension, EH) 的命题 $\wp_{(\mathrm{EH})}$ 的信息覆盖,

$$C_V \wp_{(\mathrm{EH})} = \{D_{(\mathrm{EH})\alpha} | \alpha \in A_{(\mathrm{EH})}\};$$

$$A_{(\mathrm{EH})} = \{临床表现, 病种, 病期, 并发症, 特殊检查, \cdots\},$$

即, $D_{(\mathrm{EH})\alpha}$ 为 $\wp_{(\mathrm{EH})}$ 的信息子集;

$$D_{(\mathrm{EH})\alpha} \in \{临床表现, 病种, 病期, 并发症, 特殊检查, \cdots\};$$

$$临床表现 = \{症状, 体征, \cdots\};$$

$$类型 = \{青少年\mathrm{EH}, 成年人\mathrm{EH}, 老年人\mathrm{EH}, 男性\mathrm{EH}, 高肾素型\mathrm{EH}, 急进型\mathrm{EH}, \cdots\};$$

$$症状 = \{头痛, 头晕, 耳鸣, \cdots\};$$

$$并发症 = \{心脏并发症, 肾脏并发症, \cdots\}.$$

(2) $C_V\wp$ 中有无限指标集 A.

例 1.2 $A_i \in A, i =$ 器官层次指标集, $A_i =$ {心脏指标, 脑指标, 肾指标, 血管指标, $\cdots$ };

$A_{ij} \in A_i, A_i \in A, j =$ 心脏超声类指标集, $A_{ij} =$ {M 型超声指标, 多普勒超声指标, $\cdots$ };

$A_{ijk} \in A_{ij}, A_{ij} \in A_i, A_i \in A, k =$ M 型超声类参数集, $A_{ijk}=$ {左心室参数, 右心室参数, 左心房参数, 右心房参数, 结构参数, 功能参数, $\cdots$ };

$\cdots\cdots$

(3) $C_V\wp$ 中含有灰元.

例 1.3 前述子集中的元素大部分为信息不完全的元素, 即为灰元. 故医学信息具有灰特征.

2. 医学认知模式

定义 1.4 若记医学认知模式为

$$\text{IFM}: E \xrightarrow{\theta} \omega,$$

其中 IFM 表示医学认知, E 表示医学认知对象, θ 表示医学认知根据 (即医学信息), ω 表示医学认知结果.

(1) 当 $\omega \in \Omega, \Omega \in (0, 1)$ 是医学认知程度集时, 则称 ω 为医学认知的量化.

若 $\omega = 1$, 则表示对医学认知对象 E 的完全认知, 要求必有 θ 完全的前提. 由医学信息特征知, θ 必不完全, 故医学认知结果: $0 < \omega < 1$.

则称该认知模式为医学认知灰模式.

(2) 当 $\omega \in \Omega, \Omega$ 是一般实数集时, 集内的数字表示 E 的量化, 称 ω 为量化医学认知模式.

例如, 白细胞总数、分类

$$\text{IFM}: E \xrightarrow{\text{白细胞形态特征、计数}} \begin{cases} \text{WBC}: 8.2 \times 10^9 \\ N: 0.79 \\ L: 0.19 \\ \cdots \end{cases}$$

(3) 当 $\omega \in \Omega, \Omega$ 为一属性集时, 则称 ω 为属性医学认知模式.

第二节 灰色系统与医学

例如，冠心病的诊断：

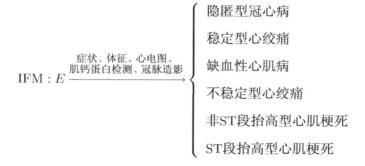

心功能分级：

再如，高血压分级：

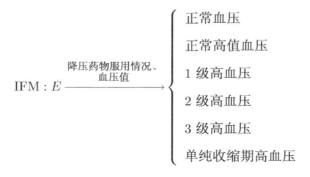

由信息根据认知原理知，医学信息的不完全性和医学信息的层次性，必然导致医学认知的不确定性和层次性.

3. 医学资料的序列特征

医学资料是医学有效信息的转化. 前已述及，灰色系统的数据基是序列. 医学资料具有序列特征.

例如，一份关于 30 例老年期和老年前期女性高血压患者的研究资料，见表 1.1[115].

表 1.1 30 例老年期和老年前期女性高血压患者的研究资料

病例序号	1	2	3	4	5	...	30
年 (岁)	58	72	66	49	52	...	61
SBP(mmHg)	170	178	180	166	184	...	178
DBP(mmHg)	92	88	98	110	106	...	94
病程 (年)	6	14	10	4	2	...	12
左心房内径 (mm)	32	33	34	28	30	...	34
右心房内径 (mm)	27	29	30	28	26	...	33
左心室重量 (g)	186	218	218	196	170	...	218
$MV_{e/a}$①	0.88	0.96	0.61	1.21	1.18	...	0.90

① 超声心动图的一种参数: 二尖瓣环运动速度 e/a 比值.

显见, 这是包含 30 个观察者的 8 个指标序列.

另一份关于心肌梗死后一年内焦虑与抑郁平均积分的研究资料见表 1.2[116].

表 1.2 心肌梗死后一年内焦虑与抑郁平均积分表

	30d	14w	24w	41w	56w
焦虑					
S 型					
恢复	48	42	42	43	43
常规治疗	46	44	43	42	42
T 型					
恢复	48	46	44	45	44
常规治疗	48	45	45	44	43
抑郁					
恢复	4.1	3.3	206	3.2	3.2
常规治疗	3.9	3.7	3.3	3.3	2.9

注: d—(天), w—(周).

表 1.2 可视为焦虑 S 型 (恢复、常规治疗)、焦虑 T 型 (恢复、常规治疗)、抑郁 (恢复、常规治疗) 等指标的时间序列。

再如, 一份关于氨氯地平治疗缺血性心脏病研究资料的坐标曲线, 如图 1.1 所示[116]。

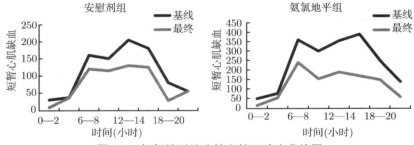

图 1.1 氨氯地平治疗缺血性心脏病曲线图

第三节 医学灰关联研究状况

又如, 有关心理疾病患病率的一份研究资料, 见表 1.3[118].

表 1.3 各年龄段心理疾病患病率资料

年龄段 (岁)	调查 例数	病例 数	患病率 (%)	男			女		
				调查 例数	病 例数	患病率 (%)	调查 例数	病 例数	患病率 (%)
9	103	16	15.5	47	9	19.2	56	7	12.5
10	174	30	17.2	85	15	17.6	89	15	16.9
11	225	51	22.7	103	30	29.1	122	21	17.2
12	157	23	14.7	75	12	16.0	82	11	13.4
合计	659	120	18.2	310	66	21.3	349	54	15.5

表 1.3 可视为 9, 10, 11, 12 岁总患病率、男性患病率、女性患病率构成的数据序列.

最后, 关于 Trental 治疗 200 名脑循环障碍者疗效的资料, 如图 1.2 所示[119].

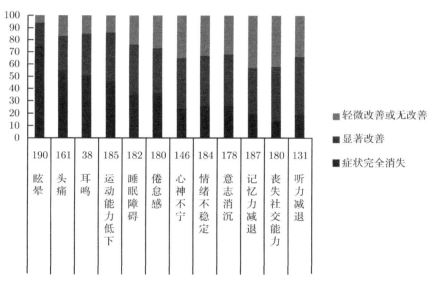

图 1.2 Trental 治疗脑循环障碍者疗效分布图

图 1.2 可视为 Trental 临床效果的数据列. 如定义症状完全消失为治愈, 则治愈序列: $\chi_{愈}$=(74, 55, 51, 46, 35, 36, 24, 26, 26, 20, 14, 19).

可见, 医学资料满足序列特征, 属于有限信息空间的问题.

第三节 医学灰关联研究状况

前面已经定义了医学是 "在有限信息空间, 基于灰色系统的少数据、不确定性理论与医学的数学化、模型化、定量化的结合研究". 医学与灰色系统结合已取得了丰硕成果, 包括理论研究[120-122]、疾病预测[123-125]、疾病的灰色模型监测[126-135]、卫生资源灰预测[136,137]和医学灰关联研究等, 范围涉及各个医学分支学科. 本节介绍医学灰关联研究现状.

一、 医学灰关联研究现状

1. 流行病学

应用灰关联分析研究癌症病死率与微量元素的关系, 结果显示, Cr 的摄入量是影响癌症病死率的最主要因素: 摄入量高, 则病死率高; 其次是 Cu. 与计算机模式识别技术的研究结果比较, 灰关联分析具有显著优点. 前者通过对 27 个国家和地区癌症病死亡率与微量元素平均摄入量的关系进行分析, 从总体上反映出 Se, Cu, Zn, Cd, Cr, Mn, As 这 7 种元素与癌症病死率相关, 但未反映出关联程度的主次. 应用同一份资料, 灰关联分析则得出了各元素与癌症病死率的关联程度顺序为 Cr>Cu>Cd>Zn>Mn>As>Se, 明确了主次因素[138].

对数理统计分析与灰关联分析进行对比分析发现: 对于典型分布的同一组医学资料, 数理统计学中的相关与回归分析结果和灰关联分析结果一致; 在非典型分布的小样本医学资料中, 统计学方法难以施行或得不出有意义的结论, 而灰关联分析则可通过简单的计算, 得出有意义的、符合实际的结论[139].

2. 临床医学

应用灰关联评价临床检查手段. 例如, 研究者对多普勒和 M 型超声心动图检测每搏量的灰关联研究, 得出了"多普勒超声下, 直接测定主动脉血流频谱, 计算左心室每搏量, 精确性优于通过 M 型超声心动曲线计算左心室每搏量"的结论, 符合医学理论和实际情况. 这是在一组小样本研究资料基础上分析得出的结论[140].

Chen 等在对肝纤维化的若干血液学指标进行了灰关联分析后, 所得结论与病理研究结论一致, 并认为这种简便易行的灰关联分析, 可以避免肝脏穿刺活检等创伤性、危险大、高难度的临床检查, 有较高的临床实用价值[141].

3. 药理学

以灰关联分析临床试验结果或与统计学方法结合进行总结分析, 不仅可对临床试验单项指标分别判断, 而且可进行各指标乃至包括不良反应在内的综合评判, 以整体的、系统的观点得出"优"或"劣"的结论, 甚至可不设对照组, 这使临床试验的意义得到了进一步提高[142-144].

也有学者采用灰关联分析对药物动力学模型进行判断, 经实例验证, 其结果与药物动力学中其他模型判别方法 (如 SUM, r^2) 结果一致, 认为灰关联分析适于静

第三节 医学灰关联研究状况

脉和口服给药的数据资料. 该结果表明灰关联在临床药理学中有一定前景[145].

4. 其他

如医院感染与消毒因素分析[146], 传染病、寄生虫病与气候因素的多维优势分析[147], 环境卫生的因素分析等[148,149], 均获得了成功应用.

5. 医学灰关联新进展

随着科研经验的积累, 医学灰关联研究已经不满足于只是把灰关联的基本方法移植到医学研究中来, 而是结合医学本身的特点, 创造一些适于医学研究的新方法、新技术.

例如, 金新政[150]把灰关联分析和聚类思想进行融汇、扩充, 以灰色相似矩阵为基本信息, 进行灰关联聚类分析. 他还利用理想点与非理想点所构成的空间, 提出了双基点灰关联综合排序方法等[151], 实践证明, 这些均有一定的理论与实践价值.

二、灰关联基础知识

1. 灰关联机制

邓聚龙教授提出了灰关联因子、序列、关系、影响、空间的有关定义、公理、定理、计算公式[74]:

χ 为灰关联因子集, $\chi_0 \in \chi$ 为参考序列, $\chi_i \in \chi$ 为比较序列, $i = 1, 2, \cdots, m$;
$\chi_0(k)$ 为 χ_0 第 k 点的数, $\chi_i(k)$ 为 χ_i 第 k 点的数, $k = 1, 2, \cdots, n$;

$$\gamma(x_0(k), x_i(k)) = \frac{\min_i \min_k |x_0(k) - x_i(k)| + \zeta \max_i \max_k |x_0(k) - x_i(k)|}{|x_0(k) - x_i(k)| + \zeta \max_i \max_k |x_0(k) - x_i(k)|},$$

其中 $\zeta \in (0,1)$. 记 $\gamma(x_0(k), x_i(k))$ 为 $\xi_{0i}(k)$, 称为灰关联系数;

$$\gamma(x_0, x_i) = \frac{1}{n} \sum_{k=1}^{n} \gamma(x_0(k), x_i(k)),$$ 或记 $\gamma(x_0, x_i)$ 为 γ_{0i}, 称为灰关联度.

则 γ_{0i} 满足灰关联四公理: 规范性、偶对对称性、整体性和接近性.

1° 规范性 对于 $x, y \in X$, 有

$$0 < \gamma(x,y) \leqslant 1;$$
$$\gamma(x,y) = 1 \Leftrightarrow x = y;$$
$$\gamma(x,y) = 0 \Leftrightarrow x, y \in \varnothing.$$

2° 偶对对称性

$$\gamma(x,y) = \gamma(y,x) \Leftrightarrow X = \{x, y\}.$$

3° **整体性** $\gamma(x_i, x_j) \underset{\text{通常}}{\neq} \gamma(x_j, x_i); i \neq j; i, j \in \{1, 2, \cdots, n\}$.

4° **接近性** $|x(k) - y(k)|$ 越小, $\gamma(x, y)$ 越大; 反之亦然.

并令 Γ 为 γ 的全体, 则称 (X, Γ) 为灰关联空间.

2. 灰关联序列条件

灰关联序列必须满足如下条件[74,78,79]:

1° **数值可比** 即: ①序列中数据为同数量级; ②无量纲.

2° **数值可接近** 指无平行序列.

3° **统一极性** 即指标序列的极性一致.

(1) 数值可比与可接近性的实现: 一般采用初值化、均值化、区间化等处理[74,78].

$$f: x \to x_p \text{ 为 } x_p \text{ 的映射}.$$

a. 考虑下述序列:
$$x = (x(1), x(2), \cdots, x(n)),$$

则映射 $f: x \to \chi$,

$$f(x(k)) = \frac{x(k)}{x^*} = x(k), \quad k = 1, 2, \cdots, n;$$

$$x^* \in \left\{ x(1), \max_k x(k), \min_k x(k), \frac{1}{n}\sum_{k=1}^{n} x(k), \cdots \right\}$$

是数值映射, 并且当 $s(1)$ 为 1 的邻域时, 有

- 初值化: $f_\text{I}(x(k)) = \dfrac{x(k)}{x(1)} = \chi(k), \chi(k) \in s(1)$.

- 平均值化: $f_\text{II}(x(k)) = \dfrac{x(k)}{\dfrac{1}{n}\sum_{k=1}^{n} x(k)} = \chi(k), \chi(k) \in s(1)$.

- 最大值化: $f_\text{III}(x(k)) = \dfrac{x(k)}{\max\limits_k x(k)} = \chi(k), \chi(k) \in s(1)$.

- 最小值化: $f_\text{IV}(x(k)) = \dfrac{x(k)}{\min\limits_k x(k)} = \chi(k), \chi(k) \in s(1)$.

其中 $f \in \{f_\text{I}, f_\text{II}, f_\text{III}, f_\text{IV}\}$.

b. 考虑指标序列 x_i:
$$x_i = (x_i(1), x_i(2), \cdots, x_i(n)), \quad i = 1, 2, \cdots, N;$$

第三节 医学灰关联研究状况

$$y(1) = (x_1(1), x_2(1), \cdots, x_N(1));$$
$$y(2) = (x_1(2), x_2(2), \cdots, x_N(2));$$
$$\cdots\cdots$$
$$y(n) = (x_1(n), x_2(n), \cdots, x_N(n)).$$

则

• 区间化：$f_V : x_i \to \chi_i$；$f_V(x_i(k)) = \dfrac{x_i(k) - \min y(k)}{\max y(k) - \min y(k)} = \chi_i(k)$，$\chi_i(k) \in s(1)$ 是数值映射.

$$\max y(k) = \max_i x_i(k), \quad \min y(k) = \min_i x_i(k), \quad k \in K, \quad K = \{1, 2, \cdots, n\}.$$

$1°$ 记 F 为映射的全体，$F = \{f_i | i = \text{I}, \text{II}, \text{III}, \text{IV}, \text{V}, \cdots\}$；

当 $f_{\text{IV}} = \tilde{f}_0$，$f_p$，$\tilde{f} \in \{f_\text{I}, f_\text{II}, f_\text{III}, f_\text{IV}, f_\text{V}, \cdots\}$ 时，称 F 为数值映射集；称 F 中元素的像为因子像或灰关联因子 (序列).

$2°$ 若 X 为 F 的原像集，则称 (X, F) 为因子原像空间；称 X 的像集 χ 为灰关联因子集；称 (X, F) 为灰关联因子空间.

(2) 极性处置问题：一般采用上限效果测度、下限效果测度、适中效果测度来统一为正极性[74,78].

令 X 为因子原像集，若 $x_a \in X$ 为望大极性 (即值越大越好) 因子序列，

$$x_a = (x_a(1), x_a(2), \cdots, x_a(n)),$$

有 $x_a(k)$ 的上限效果测度化生成值，记为

$$x_u(k) = \dfrac{x_a(k)}{\max\limits_k x_a(k)}, \quad k = 1, 2, \cdots, n;$$

若 $x_b \in X$ 为望小极性 (即值越小越好) 因子列，

$$x_b = (x_b(1), x_b(2), \cdots, x_b(n)),$$

有 $x_b(k)$ 的下限效果测化生成值，记为

$$x_l(k) = \dfrac{\min\limits_k x_b(k)}{x_b(k)}, \quad k = 1, 2, \cdots, n;$$

若 $x_c \in X$ 为望目 (即值不宜过大或过小) 因子序列，

$$x_c = (x_c(1), x_c(2), \cdots, x_c(n)),$$

对于 x_c, 有目标值 x_0, 有 $x_c(k)$ 的适中效果测度化生成值, 记为

$$x_m(k) = \frac{\min\{x_c(k), x_0\}}{\max\{x_c(k), x_0\}}, \quad k = 1, 2, \cdots, n.$$

则称

$$x_u = (x_u(1),\ x_u(2),\ \cdots,\ x_u(n));$$
$$x_l = (x_l(1),\ x_l(2),\ \cdots,\ x_l(n));$$
$$x_m = (x_m(1),\ x_m(2),\ \cdots,\ x_m(n))$$

为正极性序列.

本书将在医学研究中的群组性灰关联问题、遍历性 (时差或周期性) 灰关联问题、关联极性不明确的问题、灰关联序显著性及其检验问题、多层次关系问题、临床试验的灰关联模型方法等方面介绍方法学, 并给出实用例子. 附录部分还列举了我们课题组一部分应用研究的案例.

第二章 医学灰关联分析与统计学相关分析的对比

大量的医学研究需要考虑变量 X 与 Y 之间的相互关系. 本章以非典型分布、典型分布的小样本和大样本医学资料为数据基础, 作相关分析与灰关联分析的对比研究.

第一节 非典型分布医学资料灰关联分析

例 2.1 一项关于测定心脏每搏量的研究中, 收集了 37 例住院高血压 (EH) 患者射血前期与左心室射血时间间期比值 (PEP/LVET)、M 型超声心动图检测的每搏量 (SV_M) 及多普勒超声心动图检测的每搏量 (SV_D) 的数据, 见表 2.1 PEP/LVET 和 SV_M 的计算参照世界卫生组织 (WHO) 及文献推荐的测量与计算标准[151-163]. 据此分析 PEP/LVET 与 SV_M 及 SV_D 的关联性.

表 2.1 37 例 EH 患者 PEP/LVET, SV_M, SV_D 实测值

指标	序号												
	1	2	3	4	5	6	7	8	9	10	11	12	13
PEP/LVET	0.31	0.35	0.31	0.25	0.35	0.35	0.25	0.43	0.35	0.32	0.40	0.32	0.33
SV_M	99.1	64	72.5	71.1	71.4	39.1	97.9	91.9	118	47.3	72.5	123	116
SV_D	55.15	50.85	59.5	94.35	43.71	83.68	58.2	67.7	53.14	86.4	59.51	71.87	54.1

指标	序号												
	14	15	16	17	18	19	20	21	22	23	24	25	26
PEP/LVET	0.28	0.29	0.25	0.65	0.47	0.6	0.42	0.34	0.36	0.3	0.32	0.47	0.39
SV_M	55.5	73	107	70	103	46.6	80.1	58.7	92	64.8	116	84.1	83.5
SV_D	61.1	69.93	68.35	112.4	61.74	78.98	49.71	53.7	41.36	68.41	55.52	61.33	62.31

指标	序号										
	27	28	29	30	31	32	33	34	35	36	37
PEP/LVET	0.47	0.45	0.46	0.3	0.22	0.3	0.31	0.27	0.41	0.32	0.31
SV_M	85.6	98.3	84.1	79.8	88.4	56.5	74	100	80.2	59.7	80.1
SV_D	52.21	57.9	39.1	65.45	58.94	61.2	67.1	69.23	50.01	54.2	66.22

一、原始数据的正态性分布检验[164]

原始数据的正态性分布检验结果见表 2.2, 可见 PEP/LVET 及 SV_D 不服从正态分布.

表 2.2　37 例 EH 患者 PEP/LVET, SV_M, SV_D 资料的 W 检验

	t	P_t	W	P_W
PEP/LVET	23.4259	0.0001	0.900456	0.0029
SV_M	23.6125	0.0001	0.977993	0.7446
SV_D	26.4811	0.0001	0.905097	0.0041

二、相关分析

(1) 令 $x_0 = $ PEP/LVET, $x_1 = SV_M$, $x_2 = SV_D$;

(2) 令 x_i 和 x_0 的统计学相关系数为 $r(x_0, x_i)$, 令相关系数相应的概率为 P_i, $i=1, 2$;

(3) 结果:

$$r(x_0, x_1) = -0.16773, \quad P_1 = 0.3210;$$

$$r(x_0, x_2) = 0.21404, \quad P_2 = 0.0724.$$

三、灰关联分析

(1) 令 $x_0 = $ PEP/LVET, $x_1 = SV_M$, $x_2 = SV_D$; $k = 1, 2, \cdots, 37; i = 1, 2$.

(2) 经均值化处理, 求差序列, 并求得

$$\min_i \min_k |x_0(k) - x_i(k)| = 0.0047, \quad \max_i \max_k |x_0(k) - x_i(k)| = 1.0924.$$

(3) 取 $\zeta = 0.5$, 按公式:

$$\gamma(x_0(k), x_i(k)) = \frac{0.0047 + 0.5 \times 1.0924}{|x_0(k) - x_i(k)| + 0.5 \times 1.0924}$$

计算灰关联系数.

(4) 按公式: $\gamma(x_0, x_i) = \dfrac{1}{37} \sum_{k=1}^{37} \gamma(x_0(k), x_i(k))$ 求灰关联度.

(5) 结果: 灰关联度为 $\gamma(x_0, x_1) = 0.7013$; $\gamma(x_0, x_2) = 0.7224$.

灰关联序为: $\gamma(x_0, x_2) > \gamma(x_0, x_1)$; $x_2 \succ x_1$, 即 $SV_D \succ SV_M$.

四、灰关联分析与相关分析的对比

(1) 本组资料为非典型分布. 统计学相关分析结果未达显著性水准 (P_1 和 P_2 均 >0.05); 且 $r(x_0, x_1)$ 为负值, $r(x_0, x_2)$ 为正值, 这种 SV_D 及 SV_M 与 PEP/LVET 相关性不一致的结果是专业上难以解释的.

(2) 灰关联分析结果提示, SV_D 与 PEP/LVET 的灰关联性较 SV_M 强, 表明 SV_D 优于 SV_M. 专业解释[152,154,156,158,165,166]: ① M 型超声曲线误差较大, 人为技术因素影响较显著, 导致 SV_M 误差较大; ② 在二维超声引导下, 多普勒超声心动图易于掌握在统一的取样部位, 通过典型的血流频谱曲线直接计算 SV_D, 理论上应更准确可靠.

(3) 对于非典型分布的医学资料, 统计学相关分析得不出结论或结论谬误, 而灰关联分析结果符合实际[79], 见表 2.3.

表 2.3 非正态分布医学资料相关分析与灰关联分析对比

项目	分布要求	结果	结论
相关系数	不符合	极性不一致	不符合医学实际
灰关联度	不考虑	极性一致	符合医学实际

第 二 节 小样本医学资料灰关联分析

例 2.2 探讨肝泡球蚴病患者基础状况与阿苯达唑连续治疗效果的关系[-67]. 22 例经临床确诊的肝泡球蚴病患者, 8 例伴梗阻性黄疸者, 其中 6 例以阿苯达唑治疗者为观察对象. 阿苯达唑每日剂量 20mg/kg, 分 2 次口服, 连续治疗. 观察项目为: 治疗前后肝脏 B 超、CT 扫描、血与尿常规及肝功能检查, 肝功能包括血清胆红素、1 分钟胆红素、碱性磷酸酶 (ALP)、谷草转氨酶 (glutamic oxaloacetic transaminase, GOT)、白蛋白/球蛋白 (A/G) 等. 患者黄疸消退后, 继续治疗并随访 1 年以上. 资料完整者 4 例纳入分析, 见表 2.4~ 表 2.6.

表 2.4 4 例肝泡球蚴病患者阿苯达唑治疗前基础状况

序号 k	年龄 (岁) x_1	黄疸病程 (月) x_2	肝质地分级 x_3	肋下肝 (cm) x_4	剑突下肝 (cm) x_5	脾大 (cm) x_6
1	55	5.0	3	3	6	0
2	43	2.0	2	3	7	1
3	27	0.7	2	6	4	4
4	48	1.0	3	2	0	2

表 2.5 4 例肝泡球蚴病患者阿苯达唑治疗前后肝功能结果

序号 k	胆红素 (μmol/L) x_7		1 分钟胆红素 (μmol/L) x_8		ALP (IU) x_9		GOT (赖氏单位) x_{10}		A/G (g/L) x_{11}	
	前	后	前	后	前	后	前	后	前	后
1	89.2	14.2	11.3	2.1	176.62	28.4	30	30	45.5/37.5	44.2/27.5
2	60.2	8.9	8.0	0.5	58.0	51.0	76	30	41.0/56.0	45.1/33.9
3	462.0	8.9	23.4	0.9	481.0	10.6	72	63	28.0/54.0	48.0/36.0
4	212.9	17.0	129.2	1.9	463.0	247.0	135	30	33.0/45.0	45.0/27.0

表 2.6 4 例肝泡球蚴病患者治疗后肝功能改善率

k	x_7	x_8	x_9	x_{10}	x_{11}
1	0.84081	0.81416	0.83902	0.00000	0.32468
2	0.85216	0.93750	0.12069	0.60526	0.81711
3	0.98074	0.96154	0.97796	0.12500	1.57141
4	0.92015	0.98529	0.46652	0.77778	1.27274

一、相关分析

肝泡球蚴病的危害性类似恶性肿瘤，未治疗者 5 年病死率 70%，10 年病死率 93%。本病确诊、收治率均低，所以缺乏大样本临床资料，在以 $x_1 \sim x_6$ 为自变量，$x_7 \sim x_{11}$ 为因变量进行统计学相关分析后发现，小样本无统计规律可循，结果无意义，见表 2.7。

表 2.7 相关分析结果

	x_7	x_8	x_9	x_{10}	x_{11}
x_1	−0.81774	−0.59309	−0.27907	0.10911	−0.77759
	0.1823	0.4069	0.7209	0.8909	0.2224
x_2	−0.78666	−0.98054	0.15755	−0.56181	−0.98954
	0.2133	0.0195	0.8425	0.4382	0.0105
x_3	−0.31909	−0.37737	0.15463	0.06341	−0.45498
	0.6809	0.6226	0.8454	0.9366	0.5450
x_4	0.66573	0.12652	0.63044	−0.59213	0.40379
	0.3343	0.8735	0.3696	0.4079	0.5962
x_5	−0.56410	−0.60064	−0.11905	−0.52589	−0.57561
	0.4359	0.3994	0.8810	0.4741	0.4244
x_6	0.97814	0.72219	0.38317	0.03476	0.90090
	0.0219	0.2778	0.6168	0.9652	0.0991

注：表中 $x_1 \sim x_6$ 各变量所对应各行数字，上行为统计学相关系数，下行为相应的 P 值。

二、灰关联分析

经均值化处理后,以 $x_1 \sim x_6$ 为比较因子,以 $x_7 \sim x_{11}$ 为参考因子,进行灰关联分析,得灰关联度矩阵

4 例肝泡球蚴病患者阿苯达唑治疗观察的灰关联度矩阵

$$R = \begin{matrix} & \begin{matrix} x_7 & x_8 & x_9 & x_{10} & x_{11} \end{matrix} \\ \begin{matrix} x_1 \\ x_2 \\ x_3 \\ x_4 \\ x_5 \\ x_6 \end{matrix} & \begin{bmatrix} 0.83086 & 0.84450 & 0.68009 & 0.59362 & 0.68935 \\ 0.65564 & 0.63919 & 0.58232 & 0.57313 & 0.56608 \\ 0.82607 & 0.82195 & 0.68418 & 0.56399 & 0.75575 \\ 0.75198 & 0.78167 & 0.75612 & 0.49046 & 0.77538 \\ 0.66376 & 0.67106 & 0.64311 & 0.58631 & 0.52690 \\ 0.65423 & 0.65564 & 0.62717 & 0.59336 & 0.76081 \end{bmatrix} \end{matrix}.$$

灰关联分析的结果表明,x_1, x_3, x_4 是较优势比较因子,x_7, x_8, x_{11} 是较优势参考因子,说明上述因子是阿苯达唑疗效的优势灰关联因子.

三、灰关联分析与相关分析的对比

(1) 本例为小样本资料,无统计规律可循,相关分析结果显示无统计学意义[168].

(2) 灰关联分析可筛选出较优势的比较因子和参考因子. 据文献报道,肝泡球蚴病情与黄疸严重程度相关[169,170],且阿苯达唑对本病有较好疗效[171]. 本例中优势参考因子 x_7(胆红素)、x_8(1 分钟胆红素) 均为黄疸的临床指标,说明阿苯达唑治疗中,消除黄疸作用最著,与该药对本病有较好疗效的结论吻合; x_1(年龄)、x_3(肝质地分级)、x_4(肋下肝) 是较优势比较因子,说明这些因素对阿苯达唑的疗效是较重要的影响因素.

(3) 通过上述比较说明,小样本医学资料中,灰关联分析优于相关分析 (表 2.8).

表 2.8 小样本医学资料中相关分析与灰关联分析的对比

项目	可行性	结果	结论
相关分析	无	无规律性	客观依据不充分, 说服力差
灰关联分析	有	有优势因子显现	依据分析结果说服力强

第三节 较大样本正态分布医学资料灰关联分析

有报道认为,动态血压变异性 (ABPV,以动态血压标准差除以动态血压平均值 (ABP) 所得的变异系数表示) 在高血压性靶器官损害 (HOD) 中有重要意义, 甚或

与 ABP 的临床意义同等重要[172-176]. 部分资料表明, ABPV 越大, HOD 越重[174]. 另有文献持相反观点[177,178]. 鉴于此, 我们进行了本研究.

例 2.3 在一项动态血压参数与高血压性左心室肥厚关系的研究中, 收集了 37 例住院 EH 患者的动态血压值及心脏彩超结果, 并计算 24 小时动态收缩压均值 ($ASBP_{24h}$) 与舒张压均值 ($ADBP_{24h}$)、动态收缩压与舒张压变异系数 ($ABPV_S$, $ABPV_D$) 及左心室重量指数 (LVMI) 等指标, 见表 2.9.

表 2.9　37 例 EH 患者的动态血压参数及左心室重量指数

序号	$ASBP_{24h}$(mmHg)	$ADBP_{24h}$(mmHg)	$ABPV_S$	$ABPV_D$	LVMI(g/m^2)
k	x_1	x_2	x_3	x_4	x_0
1	161.60	78.00	10.46	16.03	166.47
2	150.00	92.00	8.87	9.46	88.17
3	133.64	62.94	14.43	20.15	145.27
4	135.73	72.31	10.42	15.06	138.92
5	131.70	80.50	12.00	11.93	95.78
6	137.40	78.60	11.43	10.81	77.58
7	137.00	79.00	11.31	11.39	92.31
8	180.00	105.50	6.94	7.20	203.35
9	134.40	82.80	11.38	11.23	125.51
10	134.00	75.50	13.36	13.77	88.27
11	148.60	78.70	11.84	9.15	107.50
12	134.80	83.60	10.01	10.89	122.10
13	134.40	82.80	11.38	11.23	125.51
14	142.70	84.63	13.38	15.41	85.47
15	147.38	83.32	7.50	8.09	110.34
16	181.94	91.54	8.80	12.61	137.30
17	207.61	117.93	3.93	7.61	255.10
18	160.65	90.04	9.96	12.77	142.40
19	161.58	97.30	11.84	12.64	162.91
20	137.40	80.90	10.41	11.62	147.18
21	170.80	90.70	10.07	12.13	98.21
22	161.60	100.30	13.61	15.85	132.62
23	142.80	74.20	10.64	12.67	93.91
24	154.90	85.10	11.43	13.75	116.85
25	148.40	95.60	7.95	7.01	126.70
26	147.00	96.00	8.00	9.02	124.00
27	162.20	90.40	10.97	13.94	138.14
28	173.60	89.00	8.93	8.43	108.10
29	151.00	89.50	9.01	7.49	120.92
30	139.70	74.50	14.03	16.38	121.92
31	171.81	94.97	13.74	8.22	170.33
32	142.70	84.63	13.40	15.39	89.91
33	147.38	83.32	7.47	8.11	111.43
34	181.94	91.56	8.78	12.59	138.12
35	137.40	81.00	10.30	11.65	147.29

续表

序号	ASBP$_{24h}$(mmHg)	ADBP$_{24h}$(mmHg)	ABPV$_S$	ABPV$_D$	LVMI(g/m^2)
k	x_1	x_2	x_3	x_4	x_0
36	170.80	91.00	10.06	12.16	100.02
37	139.70	74.46	14.01	16.35	122.03

注：ASBP$_{24h}$ 表示 24 小时动态收缩压均值；ADBP$_{24h}$ 表示 24 小时动态舒张压均值；ABPV$_S$ 表示动态收缩压变异系数；ABPV$_D$ 表示动态舒张压变异系数；LVMI表示左心室重量指数.

一、原始数据正态性检验

原始数据的正态性分布检验结果见表 2.10，可见各指标均服从正态性分布[164].

表 2.10 37 例 EH 患者的正态性分布 W 检验

	x_1	x_2	x_3	x_4	x_0
W: 正态性分布	0.9479	0.9686	0.9625	0.9586	0.9505
$P_{\text{rob}} < W$	0.1110	0.4632	0.3150	0.2419	0.1345

二、相关分析

相关分析显示：LVMI (x_0) 与 ABP 参数 (x_1, x_2) 呈显著正相关，与 ABPV 参数 (x_3, x_4) 呈负相关[172,175]，其中与 ABPV$_D$ (x_4) 的相关性无统计学意义 ($P > 0.05$), 说明 LVMI 与 ABPV 的关系较与 ABP 的关系弱，见表 2.11.

表 2.11 x_0 与 $x_1 \sim x_4$ 的统计学相关系数及概率

	x_1	x_2	x_3	x_4
$r(x_0, x_i)$	0.5970	0.5459	-0.4047	-0.1596
$P > |R|$ under H_0	0.0001	0.0005	0.0130	0.3455

三、灰关联分析

(1) 经对原指标序列区间化、求差序列，得

$$\min_i \min_k |x_0(k) - x_i(k)| = 0, \quad \max_i \max_k |x_0(k) - x_i(k)| = 1.$$

(2) 取 $\zeta = 0.5$，按公式：

$$\gamma(x_0(k), x_i(k)) = \frac{0.5 \times 1}{|x_0(k) - x_i(k)| + 0.5 \times 1}$$

求灰关联系数.

(3) 按公式：$\gamma(x_0, x_i) = \dfrac{1}{37} \sum_{k=1}^{37} \gamma(x_0(k), x_i(k))$ 求灰关联度.

灰关联度结果为

$$\gamma(x_0,x_1)=0.8006, \quad \gamma(x_0,x_2)=0.7296,$$

$$\gamma(x_0,x_3)=0.5583, \quad \gamma(x_0,x_4)=0.7017.$$

(4) 灰关联序为：$\gamma(x_0,x_1) > \gamma(x_0,x_2) > \gamma(x_0,x_4) > \gamma(x_0,x_3)$，即

$$x_1 \succ x_2 \succ x_4 \succ x_3,$$

亦即：$ASBP_{24h} \succ ADBP_{24h} \succ ABPV_D \succ ABPV_S$.

灰关联分析结果显示，ABPV 和 ABP 与 LVMI 的灰关联性，也呈 ABPV 弱于 ABP 参数的趋势，与相关分析结果趋势一致.

四、灰关联分析与相关分析的对比

在较大样本典型分布的医学资料中，灰关联分析对相关分析具有兼容性，见表 2.12.

表 2.12　较大样本典型分布的医学资料中相关分析与灰关联分析的对比

项目	可行性	结果	关联程度（序）	因子极性*	结论
统计学相关分析	有	有意义	与灰关联趋势一致	可显示	客观
医学灰关联分析	有	有意义	与统计学趋势一致	未显示	客观

＊因子极性见第五章.

五、讨论

HOD 以心、脑、肾为主，左心室肥厚 (left ventricular hypertrophy, LVH) 是 EH 心脏损害的主要表现；众多研究表明，LVH 是 EH 的独立危险因素之一[177,179]. 相关分析显示，LVMI 与 ABP 参数呈显著正相关，与 BPV 参数呈负相关，其中与 ABPVs 的相关性有显著性 ($P<0.05$)，说明 LVH 与 ABPV 的关系较与 ABP 的关系弱. 本研究结果显示 EH 的 ABP 各项参数值越低，ABPV 越大，其 LVH 程度越轻；以收缩期 ABP 在形成 LVH 中的作用显著[172,175]. 本章结果与文献报道的构型 EH 其 HOD 较轻的观点相吻合[175,176,178]. 因在 ABP 相同的前提下，构型 EH 的 ABPV 较非构型大.

本 章 小 结

本章通过对比得到了如下的启迪与结论：
(1) 非典型分布的医学资料分析中，灰关联分析优于相关分析；

(2) 小样本医学资料分析中,灰关联分析优于传统统计学方法;

(3) 较大样本典型分布的医学资料分析中,医学灰关联分析与统计学分析结果一致,说明灰关联分析对统计学相关分析具有一定的兼容性.

第三章 动态成组序列的灰关联分析

随着医学科学的发展,人们越来越多地注意到疾病动态变化的规律. 临床医学科研方面有许多动态手段,如动态心电图监测 (holter)、动态血压监测 (ABPM)、动态血糖监测等. 鉴于此, 有必要探讨一种动态成组序列的灰关联分析方法来分析研究这类资料.

对于动态资料的分析处理, 数理统计学方法基本有两种[12,52]. ①利用动态过程中多时刻样本的集中趋势,即均数 ($\bar{x}$) 及其附带统计量 "方差 (variance)、标准差 (standard deviation, SD)、异常值比率" 等进行分析. 这种处置忽略了因素动态的、瞬间的关系, 动态意义未能充分体现[180], 丧失了有效信息, 较之单时刻采样, 是 "高标准实验, 低要求分析", 是对信息资源的浪费. ②在大样本基础上进行对应时刻的统计分析. 这种方法强调了 "动态" 的内涵, 但由于统计规律在大样本基础上才能显现, 而收集大样本在临床上有一定困难, 尤其是有创伤的采样方法, 受试者难以接受反复、多次采样[141], 故资料来源受限.

在动态指标的量化分析中, 灰关联分析是可靠的[79]. 这已被大量成功的例子证明[139,142,180].

第一节 基本理论

一、成组灰关联因子空间

定义 3.1 令 X 为医学因子集, $x_0 \in X$ 为参考因子的动态序列集; $x_i \in X$ 为 N 元比较因子动态序列集; $i \in I, I = \{1, 2, \cdots, N\}, N \geqslant 2$.

$x_{0j} \in x_0$ 为 m 例动态成组参考因子序列; $x_{ij} \in x_i$ 为 m 例动态成组比较序列; $j \in J, J = \{1, 2, \cdots, m\}, m \geqslant 2$.

$x_{0j}(k), x_{ij}(k)$ 分别为序列 x_0 与 x_i 第 j 例、第 k 点的值; k 为动态序列 x_0 与 x_i 的采样时刻, $k \in K, K = \{1, 2, \cdots, n\}, n \geqslant 3$.

则称 $\gamma(x_{0j}(k), x_{ij}(k))$ 为第 i 个成组单位, γ_i 对 x_0 的第 k 个灰关联系数;

称 $\gamma(x_0, x_i)$ 为灰关联度;

称 X 为成组灰关联因子空间.

附注 3.1 成组灰关联因子空间与遍历性多序列灰关联空间均属多参考列空间, 只是成组空间不存在源序列, 不存在遍历问题 (见第四章).

第一节 基本理论

二、成组灰关联系数及灰关联度算式

定理 3.1 成组灰关联因子空间中 k 点差值灰关联系数 $\gamma(x_{0j}(k), x_{ij}(k))$ 为

$$\gamma(x_{0j}(k), x_{ij}(k)) = \frac{\min\limits_{i}\min\limits_{j}\min\limits_{k}|x_{0j}(k) - x_{ij}(k)| + \zeta \max\limits_{i}\max\limits_{j}\max\limits_{k}|x_{0j}(k) - x_{ij}(k)|}{\Delta_{0ij}(k) + \zeta \max\limits_{i}\max\limits_{j}\max\limits_{k}|x_{0j}(k) - x_{ij}(k)|},$$

其中

$$\zeta \in (0, 1). \tag{3.1}$$

则成组序列 k 点差值 $\Delta_{0ij}(k)$ 为

$$\Delta_{0ij}(k) = |x_{0j}(k) - x_{ij}(k)|; \tag{3.2}$$

差序列中灰关联度 $\gamma(x_0, x_i)$ 为

$$\gamma(x_0, x_i) = \frac{1}{m \cdot n} \sum_{k=1}^{n} \sum_{j=1}^{m} \gamma(x_{0j}(k), x_{ij}(k)). \tag{3.3}$$

该灰关联度满足灰关联四公理. 其中, $\min\limits_{i}\min\limits_{j}\min\limits_{k}|x_{0j}(k) - x_{ij}(k)|$ 与 $\max\limits_{i}\max\limits_{j}\max\limits_{k}|x_{0j}(k) - x_{ij}(k)|$ 为环境参数.

三、成组灰关联公理

1. 规范性

证 若 $\Delta_{0ij}(k) = \min\limits_{i}\min\limits_{j}\min\limits_{k}|x_{0j}(k) - x_{ij}(k)|$, 则

$$\gamma(x_0(k), x_i(k)) = 1, \quad \forall i, \forall j, \forall k;$$

若 $\Delta_{0ij}(k) = \max\limits_{i}\max\limits_{j}\max\limits_{k}|x_{0j}(k) - x_{ij}(k)|$, 则

$$\gamma(x_0(k), x_i(k)) < 1, \quad \forall i, \forall j, \forall k.$$

又因 $\zeta > 0$,

$$\max\limits_{i}\max\limits_{j}\max\limits_{k}|x_{0j}(k) - x_{ij}(k)| > 0,$$

$$\min\limits_{i}\min\limits_{j}\min\limits_{k}|x_{0j}(k) - x_{ij}(k)| \geqslant 0,$$

则

$$\min\limits_{i}\min\limits_{j}\min\limits_{k}|x_{0j}(k) - x_{ij}(k)| + \zeta \max\limits_{i}\max\limits_{j}\max\limits_{k}|x_{0j}(k) - x_{ij}(k)| > 0,$$

$$\Delta_{0ij}(k) + \zeta \max\limits_{i}\max\limits_{j}\max\limits_{k}|x_{0j}(k) - x_{ij}(k)| > 0,$$

有
$$\gamma\left(x_{0j}(k), x_{ij}(k)\right) > 0, \quad \forall i, \forall j, \forall k.$$

故
$$1 \geqslant \gamma(x_0, x_i) > 0; \quad 1 \geqslant \gamma(x_0(k), x_i(k)) > 0; \quad 1 \geqslant \gamma(x_{0j}, x_{ij}) > 0;$$

$$\gamma(x_0, x_i) = 1 \text{ 且 } \gamma(x_{0j}, x_{ij}) = 1 \Leftrightarrow x_{0j} = x_{ij};$$

$$\gamma(x_0(k), x_i(k)) = 1 \Leftrightarrow x_{0j}(k) = x_{ij}(k);$$

$$\gamma(x_0, x_i) = 0, \gamma(x_0(k), x_i(k)) = 0 \text{ 且 } \gamma(x_{0j}, x_{ij}) = 0 \Leftrightarrow x_{0j}, x_{ij} \in \varnothing.$$

因此规范性成立.

2. 偶对对称性

证 若 $x = \{x, y\}$, 则
$$|x_j(k) - y_j(k)| \equiv |y_j(k) - x_j(k)|, \quad \forall k, \forall j,$$

则
$$\gamma(x_{0j}(k), x_{ij}(k)) = \gamma(x_j(k), y_j(k));$$
$$\gamma(x_0, x_i) = \gamma(x, y) = \gamma(y, x);$$
$$\gamma(x_0(k), x_i(k)) = \gamma(x(k), y(k)) = \gamma(y(k), x(k));$$
$$\gamma(x_{0j}, x_{ij}) = \gamma(x_j, y_j) = \gamma(y_j, x_j).$$

因此偶对对称性成立.

3. 整体性

证 若 $X = \{x_{ij} | i = a, b, \cdots, n\}, n \geqslant 3$. 一般有
$$\max_i \max_j \max_k \left| x_{bj}(k) - x_{ij}(k) \right| \neq \max_i \max_j \max_k |x_{aj}(k) - x_{ij}(k)|$$

和
$$\min_i \min_j \min_k \left| x_{bj}(k) - x_{ij}(k) \right| \neq \min_i \min_j \min_k |x_{aj}(k) - x_{ij}(k)|,$$
$$i \neq a, \quad i \neq b; \quad x_{aj}(k), x_{bj}(k), x_{ij}(k) \in x_{ij}, \quad x_{ij} \in X,$$

故, 一般有
$$\gamma(x_{aj}(k), x_{ij}(k)) \neq \gamma(x_{bj}(k), x_{ij}(k)).$$

进而有

$$\gamma(x_a, x_i) \neq \gamma(x_b, x_i);$$
$$\gamma(x_a(k), x_i(k)) \neq \gamma(x_b(k), x_i(k));$$
$$\gamma(x_{aj}, x_{ij}) \neq \gamma(x_{bj}, x_{ij}).$$

因此整体性成立.

4. 接近性

证 因 $\zeta \in (0,1)$, $\min\limits_{i}\min\limits_{j}\min\limits_{k}|x_{0j}(k) - x_{ij}(k)|$ 与 $\max\limits_{i}\max\limits_{j}\max\limits_{k}|x_{0j}(k) - x_{ij}(k)|$ 为常数项, 故 $\Delta_{0ij}(k)$ 越小, $\gamma(x_{0j}(k), x_{ij}(k))$ 越大, $\forall i, \forall j, \forall k$, 导致 $\gamma(x_0, x_i)$, $\gamma(x_0(k), x_i(k))$ 和 $\gamma(x_{0j}, x_{ij})$ 越大. 反之亦然.

因此接近性成立.

第二节 应用实例

下面介绍高血压 (EH) 患者和非高血压 (NH) 患者的收缩压 (SBP)、血浆心房钠尿肽 (ANP)、血管紧张素 II (AII)、24 小时心率 (HR) 动态成组序列的灰关联分析.

例 3.1 某医科大学干部病房住院的 EH 患者 19 例和 NH 患者 5 例为受试者. 在 1:00p.m., 5:00p.m., 9:00p.m., 1:00a.m., 5:00a.m., 9:00a.m. 共 6 个时点分别检测受试者 SBP 及心率 (HR), 同时采集受试者上述 6 个时点的卧位肘静脉血液标本, 用于检测血浆心房钠尿肽 (ANP) 及血浆血管紧张素 II (AII). 将 NH 患者设为 A 组; EH 患者依据 5:00a.m. 和 9:00a.m. 的 AII 值, 分为正常 AII 型与高 AII 型, 并根据夜间血压是否下降进一步分成四组, 即 B 组: 有夜间血压下降正常 AII EH 组; C 组: 有夜间血压下降高 AII EH 组; D 组: 无夜间血压下降正常 AII EH 组; E 组: 无夜间血压下降高 AII EH 组. 分组情况及原始数据见表 3.1~表 3.5.

表 3.1　NH 患者各参数动态数据 (A 组)

x	j	k					
		1:00p.m.	5:00p.m.	9:00p.m.	1:00a.m.	5:00a.m.	9:00a.m.
x_0	1	120	136	119	115	117	133
	2	112	114	120	99	115	139
	3	107	110	105	93	103	110
	4	114	118	120	100	118	138
	5	110	113	109	90	105	114

续表

x	j	k					
		1:00p.m.	5:00p.m.	9:00p.m.	1:00a.m.	5:00a.m.	9:00a.m.
x_1	1	175	156	144	131	149	138
	2	162	145	130	128	181	220
	3	145	135	84	163	147	153
	4	94	102	92	107	163	194
	5	117	135	63	141	139	122
x_2	1	28	98	96	29	64	56
	2	63	73	58	49	56	67
	3	45	74	77	26	59	76
	4	48	77	60	52	63	68
	5	55	78	76	28	59	77
x_3	1	69	77	70	55	62	75
	2	75	76	66	65	68	100
	3	73	80	75	76	69	75
	4	70	72	62	58	61	87
	5	70	78	72	71	65	77

注：x_0=SBP, 单位 mmHg, 1mmHg=0.133kPa; x_1=ANP, 单位 ng/ml; x_2=AⅡ, 单位 pg/ml; x_3=HR, 单位 bpm; j 为研究对象序号, k 是采样时点; 下同.

表 3.2 有夜间血压下降正常 AⅡ EH 组各参数动态数据 (B 组)

x	j	k					
		1:00p.m.	5:00p.m.	9:00p.m.	1:00a.m.	5:00a.m.	9:00a.m.
x_0	1	167	182	179	133	158	164
	2	153	172	175	137	151	170
	3	162	163	147	138	162	170
	4	163	160	141	123	146	162
	5	162	144	136	122	154	166
	6	150	164	149	118	156	168
x_1	1	257	171	163	165	181	106
	2	93	122	148	196	177	114
	3	109	157	224	193	79	110
	4	116	129	125	152	140	141
	5	95	120	88	180	160	100
	6	77	95	71	107	107	106
x_2	1	50	55	32	38	48	69
	2	76	73	35	46	55	64
	3	135	87	44	38	64	108
	4	81	65	74	34	66	92
	5	60	74	52	46	60	72
	6	80	81	95	31	79	87
x_3	1	52	56	47	44	47	51
	2	86	86	88	76	79	85
	3	66	58	55	54	57	66
	4	83	70	71	68	71	97
	5	82	91	78	70	87	88
	6	80	73	71	65	68	86

第二节 应用实例

表 3.3 有夜间血压下降高 A II EH 组各参数动态数据（C 组）

x	j	k					
		1:00p.m.	5:00p.m.	9:00p.m.	1:00a.m.	5:00a.m.	9:00a.m.
x_0	1	139	161	146	131	145	167
	2	171	189	193	133	157	168
	3	157	163	172	128	163	163
x_1	1	111	117	143	154	95	75
	2	202	129	214	63	96	116
	3	137	103	124	156	90	116
x_2	1	619	653	191	75	492	729
	2	624	462	129	109	569	479
	3	417	496	150	566	464	580
x_3	1	66	58	55	53	57	66
	2	77	68	64	62	62	79
	3	51	81	73	62	57	71

表 3.4 无夜间血压下降正常 A II EH 组各参数动态数据（D 组）

x	j	k					
		1:00p.m.	5:00p.m.	9:00p.m.	1:00a.m.	5:00a.m.	9:00a.m.
x_0	1	167	180	158	162	163	186
	2	193	192	187	199	203	216
	3	161	178	172	161	158	181
	4	170	180	160	162	165	182
x_1	1	156	113	292	161	126	118
	2	130	82	290	105	114	80
	3	179	142	141	154	155	183
	4	132	86	294	100	111	63
x_2	1	29	31	49	43	48	49
	2	47	53	59	69	76	75
	3	184	93	69	152	65	248
	4	44	57	57	66	79	79
x_3	1	73	68	67	62	59	60
	2	74	77	75	67	66	83
	3	77	88	82	82	72	84
	4	72	64	59	59	61	67

表 3.5 无夜间血压下降高 AⅡ EH 组各参数动态数据（E 组）

x	j	k					
		1:00p.m.	5:00p.m.	9:00p.m.	1:00a.m.	5:00a.m.	9:00a.m.
x_0	1	162	172	142	148	168	168
	2	172	182	167	181	159	164
	3	166	155	192	190	164	168
	4	200	206	200	190	200	160
	5	166	167	188	171	207	155
	6	204	186	204	208	204	204
x_1	1	142	220	124	241	285	96
	2	171	126	121	200	110	105
	3	227	143	176	63	106	143
	4	214	133	156	68	100	132
	5	164	113	118	202	137	102
	6	210	130	160	70	100	130
x_2	1	454	509	35	574	666	525
	2	450	510	65	540	367	530
	3	624	462	129	569	609	479
	4	762	614	213	630	718	485
	5	716	614	69	590	610	530
	6	760	610	220	600	720	490
x_3	1	69	58	64	56	56	57
	2	61	64	59	56	59	73
	3	63	58	59	56	69	90
	4	72	60	60	64	61	65
	5	66	71	62	57	58	73
	6	69	70	67	72	71	67

一、成组灰关联分析

第一步：A 组灰关联分析.

(1) 原始序列的无量纲比. 经均值化处理, 得无量纲序列, 见表 3.6.

(2) 按公式 (3.2) 求出差序列, 得环境参数:

$$\min_i \min_j \min_k |x_{0j}(k) - x_{ij}(k)| = 0.0001$$

和

$$\max_i \max_j \max_k |x_{0j}(k) - x_{ij}(k)| = 0.5895.$$

(3) 按式 (3.1) 求灰关联系数, 结果见表 3.7.

第二节 应用实例

表 3.6 A 组无量纲序列

x	j	k					
		1:00p.m.	5:00p.m.	9:00p.m.	1:00a.m.	5:00a.m.	9:00a.m.
x_0	1	0.97297	1.10270	0.96486	0.93243	0.94865	1.07838
	2	0.96137	0.97854	1.03004	0.84979	0.98712	1.19313
	3	1.02229	1.05096	1.00318	0.88854	0.98408	1.05096
	4	0.96610	1.00000	1.01695	0.84746	1.00000	1.16949
	5	1.02964	1.05772	1.02028	0.84243	0.98284	1.06708
x_1	1	1.17581	1.04815	0.96753	0.88018	1.00112	0.92721
	2	1.00621	0.90062	0.80745	0.79503	1.12422	1.36646
	3	1.05120	0.97944	0.60943	1.18259	1.06651	1.11004
	4	0.75000	0.81383	0.73404	0.85372	1.30053	1.54787
	5	0.97908	1.12971	0.52720	1.17992	1.16318	1.02902
x_2	1	0.45283	1.58491	1.55256	0.46900	1.03504	0.90566
	2	1.03279	1.19672	0.95082	0.80328	0.91803	1.09836
	3	0.75630	1.24370	1.29412	0.43697	0.99160	1.27731
	4	0.78261	1.25543	0.97826	0.84783	1.02717	1.10870
	5	0.88472	1.25469	1.22252	0.45040	0.94906	1.23861
x_3	1	1.01471	1.13235	1.02941	0.80882	0.91176	1.10294
	2	1.00000	1.01333	0.88000	0.86667	0.90667	1.33333
	3	0.97768	1.07143	1.00446	1.01786	0.92411	1.00446
	4	1.02439	1.05366	0.90732	0.84878	0.89268	1.27317
	5	0.96998	1.08083	0.99769	0.98383	0.90069	1.06697

表 3.7 A 组动态序列灰关联系数

$\gamma(x_{0j}(k), x_{ij}(k))$	j	k					
		1:00p.m.	5:00p.m.	9:00p.m.	1:00a.m.	5:00a.m.	9:00a.m.
$\gamma(x_{0j}(k), x_{1j}(k))$	1	0.5926	0.8442	0.9916	0.8498	0.8491	0.6612
	2	0.8684	0.7912	0.5700	0.8435	0.6828	0.6293
	3	0.9088	0.8048	0.4282	0.5007	0.7818	0.8335
	4	0.5772	0.6131	0.5104	0.9797	0.4953	0.4380
	5	0.8540	0.8040	0.3742	0.4664	0.6205	0.8648
$\gamma(x_{0j}(k), x_{2j}(k))$	1	0.3621	0.3758	0.3334	0.3900	0.7876	0.6236
	2	0.8053	0.5748	0.7885	0.8640	0.8108	0.7571
	3	0.5258	0.6049	0.5035	0.3951	0.9755	0.5659
	4	0.6165	0.5359	0.8845	0.9993	0.9158	0.8293
	5	0.6706	0.5996	0.5933	0.4293	0.8977	0.6324

续表

$\gamma(x_{0j}(k), x_{ij}(k))$	j	k					
		1:00p.m.	5:00p.m.	9:00p.m.	1:00a.m.	5:00a.m.	9:00am
$\gamma(x_{0j}(k), x_{3j}(k))$	1	0.8764	0.9088	0.8207	0.7048	0.8893	0.9236
	2	0.8845	0.8947	0.6630	0.9461	0.7860	0.6779
	3	0.8689	0.9356	0.9959	0.6952	0.8311	0.8640
	4	0.8352	0.8462	0.7292	0.9959	0.7334	0.7400
	5	0.8321	0.9276	0.9291	0.6760	0.7824	1.0000

(4) 按公式 (3.3) 求灰关联度, 结果见表 3.8, 表 3.9.

表 3.8 A 组 $\gamma(x_0(k), x_i(k))$ 及 $\gamma(x_0, x_i)$ 结果

$\gamma(x_0(k), x_i(k))$	k						$\gamma(x_0, x_i)$
	1:00p.m.	5:00p.m.	9:00p.m.	1:00a.m.	5:00a.m.	9:00a.m.	
$\gamma(x_0(k), x_1(k))$	07602	0.7715	0.5749	0.7280	0.6859	0.6855	0.7010
$\gamma(x_0(k), x_2(k))$	0.5961	0.5382	0.6206	0.6155	0.8774	0.6817	0.6549
$\gamma(x_0(k), x_3(k))$	0.8594	0.9026	0.8276	0.8036	0.8044	0.8411	0.8398

表 3.9 A 组 $\gamma(x_{0j}, x_{ij})$ 及 $\gamma(x_0, x_i)$ 结果

$\gamma(x_{0j}, x_{ij})$	j					$\gamma(x_0, x_i)$
	1	2	3	4	5	
$\gamma(x_{0j}, x_{1j})$	0.7981	0.7310	0.7096	0.6023	0.6640	0.7010
$\gamma(x_{0j}, x_{2j})$	0.4788	0.7667	0.5951	0.7969	0.6372	0.6549
$\gamma(x_{0j}, x_{3j})$	0.8539	0.8087	0.8651	0.8133	0.8579	0.8398

第二步: 各 EH 组灰关联分析.

参考第一步步骤, 对各 EH 组进行分析, 得灰关联度结果, 见表 3.10~表 3.17.

表 3.10 B 组 $\gamma(x_0(k), x_i(k))$ 及 $\gamma(x_0, x_i)$ 结果

$\gamma(x_0(k), x_i(k))$	k						$\gamma(x_0, x_i)$
	1:00p.m.	5:00p.m.	9:00p.m.	1:00a.m.	5:00a.m.	9:00a.m.	
$\gamma(x_0(k), x_1(k))$	0.5398	0.7916	0.6906	0.4809	0.6559	0.6574	0.6360
$\gamma(x_0(k), x_2(k))$	0.6974	0.7862	0.5688	0.6684	0.8849	0.7018	0.7179
$\gamma(x_0(k), x_3(k))$	0.8433	0.8087	0.8974	0.8590	0.8946	0.8475	0.8584

表 3.11 B 组 $\gamma(x_{0j}, x_{ij})$ 及 $\gamma(x_0, x_i)$ 结果

$\gamma(x_{0j}, x_{ij})$	j						$\gamma(x_0, x_i)$
	1	2	3	4	5	6	
$\gamma(x_{0j}, x_{1j})$	0.6359	0.5798	0.5216	0.7639	0.5878	0.7270	0.6360
$\gamma(x_{0j}, x_{2j})$	0.7764	0.7142	0.5422	0.7103	0.7834	0.7811	0.7179
$\gamma(x_{0j}, x_{3j})$	0.8749	0.8887	0.8810	0.8256	0.8669	0.8134	0.8584

第二节 应用实例

表 3.12 C 组 $\gamma(x_0(k), x_i(k))$ 及 $\gamma(x_0, x_i)$ 结果

$\gamma(x_0(k), x_i(k))$	k						$\gamma(x_0, x_i)$
	1:00p.m.	5:00p.m.	9:00p.m.	1:00a.m.	5:00a.m.	9:00a.m.	
$\gamma(x_0(k), x_1(k))$	0.4358	0.4904	0.3831	0.4903	0.5471	0.5686	0.4859
$\gamma(x_0(k), x_2(k))$	0.6734	0.8223	0.4541	0.5152	0.9265	0.6635	0.6758
$\gamma(x_0(k), x_3(k))$	0.7865	0.8112	0.8815	0.8883	0.9119	0.9109	0.8650

表 3.13 C 组 $\gamma(x_{0j}, x_{ij})$ 及 $\gamma(x_0, x_i)$ 结果

$\gamma(x_{0j}, x_{ij})$	j			$\gamma(x_0, x_i)$
	1	2	3	
$\gamma(x_{0j}, x_{1j})$	0.4775	0.5229	0.4573	0.4859
$\gamma(x_{0j}, x_{2j})$	0.6043	0.6736	0.7496	0.6758
$\gamma(x_{0j}, x_{3j})$	0.9210	0.8378	0.8363	0.8650

表 3.14 D 组 $\gamma(x_0(k), x_i(k))$ 及 $\gamma(x_0, x_i)$ 结果

$\gamma(x_0(k), x_i(k))$	k						$\gamma(x_0, x_i)$
	1:00p.m.	5:00p.m.	9:00p.m.	1:00a.m.	5:00a.m.	9:00a.m.	
$\gamma(x_0(k), x_1(k))$	0.9380	0.6781	0.4836	0.8619	0.8363	0.6757	0.7456
$\gamma(x_0(k), x_2(k))$	0.6831	0.7378	0.8031	0.8624	0.7178	0.7521	0.7594
$\gamma(x_0(k), x_3(k))$	0.9008	0.9364	0.9319	0.9394	0.9136	0.9130	0.9225

表 3.15 D 组 $\gamma(x_{0j}, x_{ij})$ 及 $\gamma(x_0, x_i)$ 结果

$\gamma(x_{0j}, x_{ij})$	j				$\gamma(x_0, x_i)$
	1	2	3	4	
$\gamma(x_{0j}, x_{1j})$	0.7459	0.6819	0.8743	0.6802	0.7456
$\gamma(x_{0j}, x_{2j})$	0.7740	0.8534	0.6101	0.8000	0.7594
$\gamma(x_{0j}, x_{3j})$	0.8977	0.8941	0.9568	0.9413	0.9225

表 3.16 E 组 $\gamma(x_0(k), x_i(k))$ 及 $\gamma(x_0, x_i)$ 结果

$\gamma(x_0(k), x_i(k))$	k						$\gamma(x_0, x_i)$
	1:00p.m.	5:00p.m.	9:00p.m.	1:00a.m.	5:00a.m.	9:00a.m.	
$\gamma(x_0(k), x_1(k))$	0.5625	0.8263	0.7545	0.5042	0.6601	0.7668	0.6791
$\gamma(x_0(k), x_2(k))$	0.6887	0.8346	0.3816	0.7709	0.7364	0.8207	0.7055
$\gamma(x_0(k), x_3(k))$	0.9057	0.8593	0.8274	0.8714	0.8497	0.7294	0.8405

表 3.17　E 组 $\gamma(x_{0j}, x_{ij})$ 及 $\gamma(x_0, x_i)$ 结果

$\gamma(x_{0j}, x_{ij})$	j						$\gamma(x_0, x_i)$
	1	2	3	4	5	6	
$\gamma(x_{0j}, x_{1j})$	0.6156	0.7174	0.6917	0.6685	0.6871	0.6939	0.6791
$\gamma(x_{0j}, x_{2j})$	0.7123	0.6892	0.7069	0.7496	0.6806	0.6944	0.7055
$\gamma(x_{0j}, x_{3j})$	0.8287	0.8808	0.7855	0.8392	0.7661	0.9426	0.8405

第三步：依据 $\gamma(x_0, x_i)$ 排列各组灰关联序如下：

A 组：$\gamma(x_0, x_3) > \gamma(x_0, x_1) > \gamma(x_0, x_2)$；B 组：$\gamma(x_0, x_3) > \gamma(x_0, x_2) > \gamma(x_0, x_1)$；
C 组：$\gamma(x_0, x_3) > \gamma(x_0, x_2) > \gamma(x_0, x_1)$；D 组：$\gamma(x_0, x_3) > \gamma(x_0, x_2) > \gamma(x_0, x_1)$；
E 组：$\gamma(x_0, x_3) > \gamma(x_0, x_2) > \gamma(x_0, x_1)$。
B~E 组均为 $x_3 \succ x_2 \succ x_1$，A 组为 $x_3 \succ x_1 \succ x_2$。

二、关于结果、机制的讨论

(1) 本研究选定了 1:00p.m., 5:00p.m., 9:00p.m., 1:00a.m., 5:00a.m., 9:00a.m. 6 个典型观察时刻，其主要依据如下。①血压典型的 24 小时节律变化的特点是昼高、夜低，高峰阶段在 3:00a.m.~10:00a.m., 一般峰值出现在 9:00a.m.; 部分呈双峰型，即在 5:00p.m.左右有一短暂高峰期; 谷值一般在午夜以后，中午多为昼间的低值阶段[181-185]。②ANP 有 24 小时的节律变化，Richards 在实验控制条件下的结果为，正常人峰值在 11:00a.m.~1:00p.m., 谷值在 5:00p.m.~7:00p.m.[186]。③HR 有昼速夜缓的规律性变化，其变化直接受控于交感神经活性 (sympathetic activity, SA). SA 在正常生活节律时表现为晨起前后增强，夜间睡眠时降低，5:00a.m.,9:00a.m. 和 9:00p.m., 1:00a.m. 可代表生活节律的几个典型点[187-189]。④肾素分泌与睡眠周期密切相关，故推测 AⅡ 也有 24 小时的节律变化。⑤考虑临床常规采集血样时间一般在 5:00a.m. 或 9:00a.m., 此两时刻测值可代表其偶测值。⑥照顾各项指标的典型时刻，并为了方便分析研究而使时距相等，选定了各典型观察时刻。

(2) SH 的神经内分泌机制。关于 EH 涉及神经内分泌的机制，人们普遍认为，SA 增强在 EH 发病中起重要作用。有资料表明，SA 对 SBP 的影响大于 DBP[181,182]。对于收缩期高血压 (systolic hypertension, SH) 的机制目前倾向认为：SH 多发于老年期和初老期，随年龄增长而出现的主动脉及其大分支的粥样硬化、钙盐沉积、弹力纤维减少、伸直和断裂，使其僵硬度增加; 同时，血管壁胶原含量增加致使顺应性减低，两方面综合的结果使 SBP 和 DBP 不成比例地升高[190,191]。有学者认为，血管对 AⅡ 及交感介质——去甲肾上腺素的敏感性增强，致使顺应性进一步降低，在 SH 的发病中起作用; 另有人认为，AⅡ 对交感神经传递有易化作用，可能在 SH 中有协同的致病作用[192]。但也有人在老年和初老期的 SH 研究中未找到 AⅡ 与血压的肯定关系，并认为 AⅡ 可能不是直接起作用的因素，推测其介导的醛固酮可能起重

第二节 应用实例

要作用[193]. 关于 ANP 与 SH 的研究不多. 但已证明, ANP 是调节血压的多肽类物资, ANP 通过兴奋颗粒环磷鸟苷, 影响 GTP-cGMP 系统, 直接影响细胞内 Ca^{2+}、肾素-血管紧张素-醛固酮系统及多磷酸肌醇系统, 以调节血管平滑肌功能, 并抑制中枢神经系统的 AⅡ 及交感神经系统的升压作用[194,195]. ANP 分泌主要受心房牵张与房壁张力的调节, 而 SH 早期即有左心房增大, 对 ANP 分泌是一种刺激因素, 可能对 SH 的调节有良性意义[194-202]. 有人认为, 随着增龄而 ANP 降低, 是引起 SH 的因素之一[203]; 但国外的资料认为, ANP 随着年龄增高[204]; 在这一问题上, 中外学者存在互相矛盾的观点.

(3) 研究结果显示 ASBP 与 ANP, AⅡ 及 HR 的灰关联序均为 HR>AⅡ>ANP, 提示 HR 与 ASBP 呈高度并行性变化, 说明在 SH 的 SBP 动态变化中, HR 同时受 SA 调控, 呈平行性变化. 夜降、正常 AⅡ 组 9:00p.m. 与 5:00p.m. 灰关联序为 SA>ANP>AⅡ, 5:00p.m., 5:00a.m. 及 9:00a.m. AⅡ A 组的灰关联度大于其他时刻, 分析认为, 本组 SH 中夜间 SBP 未降低之前的 ANP5:00p.m.~9:00p.m. 对 SBP 的效应较强, 导致了随后的 SBP 下降; SBP 降至低水平后, 即表现为 1:00a.m. ANP 与 SBP 的弱关联性, 说明 ANP 的效应已减弱. 而 AⅡ 因素内的灰关联序提示, 在 5:00p.m., 5:00a.m.~9:00a.m. 的 SBP 高峰阶段的维持与始动中, AⅡ 的作用相对较大, 其他时刻的作用较弱. 由夜降组、高 AⅡ 组 AⅡ 因素内灰关联序可见, 9:00p.m.,1:00a.m. AⅡ 与 ABP 的关系不密切. 本组 ANP 与 SA 的分辨距离加大, 说明 SBP 变化与 ANP 变化关系为密切. 推测认为, 本组无夜降可能是 ANP 的生理效应降低[205-216], 或 ANP 相对其他升压因素的作用为弱, 以及 AⅡ 的升降对 SBP 影响相对减小所致. 相比之下, SA 可能在夜间 SBP 维持不降中起重要作用. 无夜降、正常 AⅡ 组 ANP 的因素内关联度在 9:00p.m. 最小, 说明本组 SBP 无夜降, 与 ANP 的作用减弱有关. 而无夜降、高 AⅡ 组 9:00p.m. AⅡ 因素内关联度最小, 也说明 AⅡ 的大幅度下降未引起 SBP 随之降低. 由 ANP 因素内关联度可见, 1:00p.m., 1:00a.m. 的关联度小于其他时刻, 表明 ANP 不能对抗该时刻高水平的 SBP 这与夜降、高 AⅡ 组 ANP 全天关联度均小不同. 夜降、高 AⅡ 组的 ANP 机制不能对抗升高的 SBP 无夜降、高 AⅡ 组的升压因素在 1:00p.m. 和 1:00a.m. 左右时超过了 ANP 的作用, 即升压因素可能占主导地位[217]. 正常组的灰关联序显示在 1:00p.m.~5:00p.m. ANP>AⅡ, 9:00p.m. AⅡ>ANP, 1:00a.m. ANP>AⅡ, 5:00a.m. AⅡ>ANP, 9:00a.m. ANP>AⅡ. 据此, 可以推论, 正常老年期和初老期的 SBP 受 AⅡ-ANP 的动态协调调节, 当 AⅡ 升高、ABP 升高时, ANP 的生理效应增强, 使 SBP 下降; 当 SBP 下降后, AⅡ 又发挥相对较强的作用, 使 SBP 升高到一定水平, 随之 ANP 又发挥较明显的对抗作用.

(4) 可见, 无论在正常老年期和初老期还是在 SH 中, SBP 的动态变化均与 SA 呈高度并行性, 区别在于 AⅡ-ANP 的动态协调作用或与未知的因素间的相对作用有差异. 在正常者中, SBP, AⅡ, ANP 处于动态的、协调的、平衡状态, 而在 SH 中, 上述协调关系失衡, 这一结果支持 AⅡ与 ANP 在血压调节中相互对抗的观点[218-221]. 在夜降型 SH 中, AⅡ的升降在 SBP 的升降及维持中可能起重要作用. 值得特别提出的是, AⅡ的升、降发生在 SBP 升、降之前, 其存在时差说明 AⅡ对 SBP 的影响可能通过中间环节介导. 而 ANP 对 SBP 的对抗作用在 SBP 夜降中起重要作用. 在无夜降的 SH 中, AⅡ下降未引起 SBP 下降, 说明中间介导环节障碍; 正常 AⅡ的 SH 无夜降可能部分地由于 ANP 的生理效应减低, 而高 AⅡ的夜间 SBP 不降可能是由于升压因素超过了 ANP 的对抗作用[197,206,207]. 据此, 作者认为, SH 的发病机制中涉及神经内分泌机制, 且不同类型 SH 的神经内分泌机制不同. 本章的结果对于认识 SH 的神经内分泌机制, 指导临床降压治疗时选择相应机制的药物有一定实际意义[222]. 此外, 本章还揭示了 AⅡ在正常老年期和初老期以及 SH 患者中也存在有昼高夜低的变化规律.

鉴于 SH 的机制研究中目前尚无人涉足动态的灰关联分析, 本章的结论有待于今后进一步深入细致的研究.

本 章 小 结

(1) 提出了成组灰关联因子空间;

(2) 提出了动态成组序列的灰关联分析方法, 给出了成组灰关联系数和灰关联度计算式;

(3) 通过对 NH 和 EH 患者中 SBP, ANP, AⅡ及 SA 动态成组序列灰关联分析, 首次阐明了在 SH 的神经内分泌机制中, SA 与 SBP 呈高度并行性变化, AⅡ与 ANP 的动态平衡失调, 是各型 SH 的发病机制之一.

第四章 遍历性灰关联空间及其医学应用

灰关联不确定性包括关联程度不确定性、关联性质不确定性及关联时区 (段或点) 的不确定性等. 前面已经对灰关联程度不确定的问题进行了研究, 本章重点讨论灰关联时区不确定的问题.

第 一 节 基 本 理 论

定义 4.1 令 X_{gra} 为灰关联因子集, $x_0 \in X_{\text{gra}}$ 为参考序列, $x_i \in X_{\text{gra}}, i \in I$ 为比较序列, 若序列 x 满足

$$x = (x(1), x(2), \cdots, x(n)),$$

$$x_i = (x(1_i), x(2_i), \cdots, x(m_i)),$$

$$\forall x(k_i) \in x_i \Rightarrow x(k_i) \in x, \forall i \in I,$$

则

$1°$ 称 x 为 x_i 的源序列.

$2°$ 若记序列 x 与 x_i 的元素数目分别为 Pot x 与 Pot x_i, 则当

$$\text{Pot } x_i < \text{Pot } x$$

时, 称 x_i 为非满子列; 当

$$\text{Pot } x_i = \text{Pot } x,$$

时, 称 x_i 为满子列.

$3°$ 对于 $i = 1, 2, \cdots, q$, 若有

$$x_1 = (x(1_1), x(2_1), \cdots, x(n_1))$$
$$= (x(1), x(2), \cdots, x(n)),$$
$$x_2 = (x(1_2), x(2_2), \cdots, x(n_2))$$
$$= (x(2), x(3), \cdots, x(n), x(1)),$$
$$\cdots \cdots$$
$$x_q = (x(1_q), x(2_q), \cdots, x(n_q))$$

$$= (x(q), x(q+1), \cdots, x(q-2), x(q-1)),$$
$$\cdots\cdots$$

则称 x_i 的全体

$$X = \{x_i | i \in I = \{1, 2, \cdots, q, \cdots\}\}$$

为顺时序滑动的因子空间的遍历性因子序列集, 称 x_i 为第 i 个遍历性子序列. 对于可构造遍历性子序列的源序列 x, 称之为可遍历序列.

定义 4.2 令 x_0 为参考序列, x 为源序列, $x_i \in x$ 为遍历性因子序列集中序列, 若

$$\forall \gamma(x_0, x_i), \forall i \in I$$

有定义, 则称 x 与 x_0 的关联为遍历性灰关联, 称 $\gamma(x_0, x_i)$ 为 x 的第 i 个子序列对 x_0 的遍历性灰关联度.

定义 4.3 令 $\gamma(x_0, x_i)$ 为源序列 x 的遍历性灰关联度, 则称 γ 为遍历性灰关联映射, 当且仅当 γ 满足灰关联四公理.

定义 4.4 令 X 为遍历性因子序列集, γ 为满足灰关联四公理的遍历性灰关联映射, Γ 为 γ 的全体, 则称

$$(X, \Gamma)$$

为遍历性灰关联空间.

命题 4.1 具有遍历性满子序列的源序列 x 的元素数目 Pot x 必定等于参考列 x_0 的元素数目 Pot x_0.

证: 略.

命题 4.2 生命指标的时间序列是可遍历序列.

证: 略.

命题 4.3 呈周期性变化的生命指标时间序列是可遍历序列.

证: 略.

命题 4.4 一般指标序列是不可遍历序列.

证: 略.

定义 4.5 若参考序列 x_{0j} 为序列 X_0 的第 j 个序列,

$$x_{0j} \in X_0, \quad j \in J, \quad J = \{1, 2, \cdots, m\},$$

则称 X_0 为参考序列集. 令比较序列 x_{ij} 为源序列 X 上对应 x_{0i} 的第 i 个遍历子序列

$$x_{ij} \in x, \quad j \in J, \quad J = \{1, 2, \cdots, m\},$$

则称 X 为可遍历比较源序列集, 称

$$\gamma(x_{0j}, x_{ij})$$

为 X 对 X_0 的局部遍历性灰关联度.

定义 4.6 令 X_0 为参考序列集, X 为可遍历比较源序列集, $x_{0j} \in X_0, x_{ij} \in X$,

$$X_0 = \{x_{0j} | j \in J, \ x_{0j} \in x_0\},$$
$$X = \{x_{ij} | i \in I, j \in J, x_{ij} \in x\},$$

则称 $(X_0 \cup X, \varGamma)$ 为遍历性多参考列灰关联空间.

定理 4.1 遍历性多参考列灰关联空间满足灰关联四公理的灰关联系数, 必具有环境参数

$$\max_i \max_j \max_k |x_{0j}(k) - x_{ij}(k)|$$

和

$$\min_i \min_j \min_k |x_{0j}(k) - x_{ij}(k)|.$$

证: 略.

命题 4.5 在遍历性多参考列灰关联空间, 若 γ 满足灰关联四公理, 则必有下述局部遍历性灰关联度矩阵

$$Rx_0x = \begin{bmatrix} \gamma(x_{01}, x_{11}) & \gamma(x_{01}, x_{21}) & \cdots & \gamma(x_{01}, x_{q1}) \\ \gamma(x_{02}, x_{12}) & \gamma(x_{02}, x_{22}) & \cdots & \gamma(x_{02}, x_{q2}) \\ \vdots & \vdots & & \vdots \\ \gamma(x_{0m}, x_{1m}) & \gamma(x_{0m}, x_{2m}) & \cdots & \gamma(x_{0m}, x_{qm}) \end{bmatrix}.$$

证: 略.

命题 4.6 遍历性多参考列灰关联空间的总体遍历性灰关联度为局部遍历性灰关联度的平均值. 计算公式为

$$\gamma(x_0, x_i) = \frac{1}{m} \sum_{j=1}^m \gamma(x_{0j}, x_{ij}). \tag{4.1}$$

证: 略.

第二节 应用实例

例 4.1 已知 AⅡ (血管紧张素Ⅱ) 是导致 SBP 升高的因素, 但 AⅡ 对 SBP 的影响是即刻产生抑或有时间延搁尚未明确, 即属于关联时区不确定的灰关联问题. 研究的目的是确定 AⅡ 与 SBP 的灰关联时区.

对于例 3.1, 可进一步进行遍历性灰关联分析, 以确定因素间灰关联时区. 在此, 仅举出正常人动态收缩压 (ASBP) 与动态血管紧张素 II (AII) 的遍历性灰关联分析过程.

在该研究中, 我们取样时间为 1:00 p.m., 5:00 p.m., 9:00 p.m., 1:00 a.m., 5:00 a.m. 及 9:00 a.m., 其时间间隔为 4 小时, 令 $x_0(\text{ASBP})$ 为参考序列, $x(\text{AII})$ ($k \in K$, $K = \{1, 2, 3, 4, 5, 6\}$ = 1:00 p.m., 5:00 p.m., 9:00 p.m., 1:00 a.m., 5:00 a.m. 及 9:00 a.m.; $j \in J$, $J = \{1, 2, 3, 4, 5\}$) 为比较序列, 原始数据见表 4.1.

表 4.1 ASBP 与 AII 的原始数据

	j	\multicolumn{6}{c}{k}					
		1	2	3	4	5	6
x_0	1	120	136	119	115	117	133
	2	112	114	120	99	115	139
	3	107	110	105	93	103	110
	4	114	118	120	100	118	138
	5	110	113	109	90	105	114
x	1	78	287	280	85	185	156
	2	63	73	58	49	56	67
	3	45	74	77	26	59	76
	4	48	77	60	52	63	68
	5	55	78	76	28	59	77

注: x_0=ASBP, 单位 mmHg, 1mmHg=0.133kPa; x=AII, 单位 pg/ml; 下同.

遍历性灰关联分析步骤:

(1) 对源序列 x_{0j}, x_j 进行无量纲化处理. 本研究以均值化处理, 结果见表 4.2.

表 4.2 ASBP 与 AII 的无量纲数据列

	j	\multicolumn{6}{c}{k}					
		1	2	3	4	5	6
x_0	1	0.97297	1.10270	0.96486	0.93243	0.94865	1.07838
	2	0.96137	0.97854	1.03004	0.84979	0.98712	1.19313
	3	1.02229	1.05096	1.00318	0.88854	0.98408	1.05096
	4	0.96610	1.00000	1.01695	0.84746	1.00000	1.16949
	5	1.02964	1.05772	1.02028	0.84243	0.98284	1.06708
x	1	0.43697	1.60784	1.56863	0.47619	1.03641	0.87395
	2	1.03279	1.19672	0.95082	0.80328	0.91803	1.09836
	3	0.75630	1.24370	1.29412	0.43697	0.99160	1.27731
	4	0.78261	1.25543	0.97826	0.84783	1.02717	1.10870
	5	0.88472	1.25469	1.22252	0.45040	0.94906	1.23861

第二节 应用实例

(2) 构造遍历性满子序列. 对 x_j 作 $n=6$ 次 "顺时序滑动", 构造遍历性比较满子序列 $\{x_{ij}\}$, 见表 4.3.

表 4.3 遍历性比较满子序列

x_i	j	\multicolumn{6}{c}{k}					
		1	2	3	4	5	6
x_1	1	0.43697	1.60784	1.56863	0.47619	1.03641	0.87395
	2	1.03297	1.19672	0.95082	0.80328	0.91803	1.09836
	3	0.75630	1.24370	1.29412	0.43697	0.99160	1.27731
	4	0.78261	1.25543	0.97826	0.84783	1.02717	1.10870
	5	0.88472	1.25469	1.22252	0.45040	0.94906	1.23861
x_2	1	1.60784	1.56863	0.47619	1.03641	0.87395	0.43697
	2	1.19672	0.95082	0.80328	0.91803	1.09836	1.03279
	3	1.24370	1.29412	0.43697	0.99160	1.27731	0.75630
	4	1.25543	0.97826	0.84783	1.02727	1.10870	0.78261
	5	1.25469	1.22252	0.45040	0.94906	1.23861	0.88472
x_3	1	1.56863	0.47619	1.03641	0.87395	0.43697	1.60784
	2	0.95082	0.80328	0.91803	1.09836	1.03279	1.19672
	3	1.29412	0.43697	0.99160	1.27731	0.75630	1.24370
	4	0.97826	0.84783	1.02717	1.10870	0.78261	1.25543
	5	1.22252	0.45040	0.94906	1.23861	0.88472	1.25469
x_4	1	0.47619	1.03641	0.87395	0.43697	1.60784	1.56887
	2	0.80328	0.91803	1.09836	1.03279	1.19672	0.95082
	3	0.43697	0.99160	1.27731	0.75630	1.24370	1.29412
	4	0.84783	1.02717	1.10870	0.78261	1.25543	0.97826
	5	0.45040	0.94906	1.23861	0.88472	1.25469	1.22252
x_5	1	1.03641	0.87395	0.43697	1.60784	1.56863	0.47619
	2	0.91803	1.09836	1.03279	1.19672	0.95082	0.80328
	3	0.99160	1.27731	0.75630	1.24370	1.29412	0.43697
	4	1.02717	1.10870	0.78261	1.25543	0.97826	0.84783
	5	0.94906	1.23861	0.88472	1.25469	1.22252	0.45040
x_6	1	0.87395	0.43697	1.60784	1.56863	0.47619	1.03641
	2	1.09836	1.03279	1.19672	0.95082	0.80328	0.91803
	3	1.27731	0.75630	1.24370	1.29412	0.43697	0.99160
	4	1.10870	0.78261	1.25543	0.97826	0.84783	1.02717
	5	1.23861	0.88472	1.25469	1.22252	0.45040	0.94906

(3) 求出遍历性差序列, 结果见表 4.4.

表 4.4 遍历性差序列

Δ_{0i}	j	k					
		1	2	3	4	5	6
Δ_{01}	1	0.53600	0.50514	0.60377	0.45624	0.08776	0.20443
	2	0.07142	0.21818	0.07922	0.04651	0.06909	0.09477
	3	0.26599	0.19274	0.29094	0.45157	0.00752	0.22635
	4	0.18349	0.25543	0.03869	0.00037	0.02717	0.06079
	5	0.14492	0.19697	0.20224	0.39203	0.03378	0.17153
Δ_{02}	1	0.63487	0.46593	0.48867	0.10398	0.07470	0.64141
	2	0.23535	0.02772	0.22676	0.06824	0.11124	0.16034
	3	0.22141	0.24316	0.56621	0.10306	0.29323	0.29466
	4	0.28933	0.02174	0.16912	0.17971	0.10870	0.38688
	5	0.22505	0.16480	0.56988	0.10663	0.25577	0.18236
Δ_{03}	1	0.59566	0.62651	0.07155	0.05848	0.51168	0.52946
	2	0.01055	0.17526	0.11201	0.24857	0.04567	0.00359
	3	0.27183	0.61399	0.01158	0.38877	0.22778	0.19274
	4	0.01216	0.15217	0.01022	0.26124	0.21739	0.08594
	5	0.19288	0.60732	0.07122	0.39618	0.09812	0.18761
Δ_{04}	1	0.49678	0.06629	0.09091	0.49546	0.65919	0.49025
	2	0.15809	0.06051	0.06832	0.18300	0.20960	0.24231
	3	0.58532	0.05936	0.27413	0.13224	0.25962	0.24316
	4	0.11827	0.02717	0.09175	0.06485	0.25543	0.19123
	5	0.57924	0.10866	0.21833	0.04229	0.27185	0.15544
Δ_{05}	1	0.06344	0.22875	0.52789	0.67541	0.61998	0.60219
	2	0.04334	0.11982	0.00275	0.34693	0.03630	0.38985
	3	0.03069	0.22635	0.24688	0.35516	0.31004	0.61399
	4	0.06107	0.10870	0.23434	0.40797	0.02174	0.32166
	5	0.08058	0.18089	0.13556	0.41226	0.23968	0.61668
Δ_{06}	1	0.09902	0.66573	0.64298	0.63620	0.47246	0.04197
	2	0.13699	0.05425	0.16668	0.10103	0.18384	0.27510
	3	0.25502	0.29466	0.24052	0.40558	0.54711	0.05936
	4	0.14260	0.21739	0.23848	0.13080	0.15217	0.14232
	5	0.20897	0.17300	0.23441	0.38009	0.53244	0.11802

(4) 求环境参数. 由表 4.4 可求得

$$\min_i \min_j \min_k |x_{0j}(k) - x_{ij}(k)| = 0.00037$$

和

$$\max_i \max_j \max_k |x_{0j}(k) - x_{ij}(k)| = 0.67541.$$

(5) 求遍历性灰关联系数, 结果见表 4.5.

第二节 应用实例

表 4.5 遍历性灰关联系数

$\gamma(x_0(k), x_i(k))$	k	j				
		1	2	3	4	5
$\gamma(x_0(k), x_1(k))$	1	0.38694	0.82634	0.56001	0.64865	0.70049
	2	0.40111	0.60817	0.63734	0.56998	0.63230
	3	0.35909	0.81088	0.53778	0.89819	0.62613
	4	0.42582	0.87991	0.42834	1.00000	0.46328
	5	0.79460	0.83107	0.97929	0.92655	0.91006
	6	0.62360	0.78172	0.59937	0.84838	0.66389
$\gamma(x_0(k), x_2(k))$	1	0.34761	0.58995	0.60466	0.53916	0.60075
	2	0.42068	0.92516	0.58202	0.94055	0.67278
	3	0.40911	0.59893	0.37401	0.66704	0.37250
	4	0.76542	0.83281	0.76702	0.65339	0.76086
	5	0.81976	0.75304	0.53583	0.75733	0.56965
	6	0.34529	0.67880	0.53462	0.46658	0.65006
$\gamma(x_0(k), x_3(k))$	1	0.36221	0.97077	0.55464	0.96630	0.63717
	2	0.35062	0.65906	0.35523	0.69013	0.35774
	3	0.82607	0.75175	0.96791	0.97169	0.82674
	4	0.85333	0.57665	0.46536	0.56445	0.46066
	5	0.39802	0.88184	0.59785	0.60904	0.77571
	6	0.38986	0.99057	0.63734	0.79801	0.64357
$\gamma(x_0(k), x_4(k))$	1	0.40513	0.68188	0.36627	0.74143	0.36870
	2	0.83683	0.84898	0.85143	0.92655	0.75740
	3	0.78876	0.83265	0.55256	0.78722	0.60801
	4	0.40577	0.64926	0.71939	0.83982	0.88968
	5	0.33913	0.61771	0.56598	0.56998	0.55463
	6	0.40833	0.58287	0.58202	0.63916	0.68555
$\gamma(x_0(k), x_5(k))$	1	0.84278	0.88723	0.91770	0.84778	0.80824
	2	0.59683	0.73892	0.59937	0.75733	0.65191
	3	0.39057	0.99301	0.57832	0.59099	0.71435
	4	0.33370	0.49380	0.48794	0.45338	0.45079
	5	0.35301	0.90393	0.52193	0.94055	0.58553
	6	0.35969	0.46467	0.35523	0.51273	0.35423
$\gamma(x_0(k), x_6(k))$	1	0.77411	0.71219	0.57037	0.70388	0.61842
	2	0.33692	0.86254	0.53462	0.60904	0.66198
	3	0.34437	0.67027	0.58468	0.58675	0.59092
	4	0.34713	0.77057	0.45484	0.72160	0.47099
	5	0.41729	0.64822	0.38209	0.69013	0.38853
	6	0.89043	0.55168	0.85143	0.70429	0.74184

(6) 求局部遍历性灰关联度矩阵, 结果为

$$Rx_0x = \begin{matrix} j \\ 1 \\ 2 \\ 3 \\ 4 \\ 5 \end{matrix} \begin{bmatrix} i=1 & 2 & 3 & 4 & 5 & 6 \\ 0.49853 & 0.51798 & 0.53002 & 0.53066 & 0.47943 & 0.51844 \\ 0.78968 & 0.72978 & 0.80511 & 0.70223 & 0.74693 & 0.70258 \\ 0.62369 & 0.62369 & 0.56636 & 0.59639 & 0.60628 & 0.57675 \\ 0.81529 & 0.67068 & 0.76660 & 0.75069 & 0.68379 & 0.66928 \\ 0.66603 & 0.60443 & 0.61693 & 0.64400 & 0.59418 & 0.57878 \end{bmatrix}.$$

(7) 求总体遍历性灰关联度. 结果如下:

$$\gamma(x_0, x_1) = 0.678643, \quad \gamma(x_0, x_2) = 0.617846,$$

$$\gamma(x_0, x_3) = 0.663010, \quad \gamma(x_0, x_4) = 0.646769,$$

$$\gamma(x_0, x_5) = 0.616215, \quad \gamma(x_0, x_6) = 0.606416.$$

关于结果、机制的讨论:

(1) 本例中, 作 1 次滑动时, 滑动距离为 0 小时, 构成遍历性比较子序列 x_1, 灰关联时区为第 24−0=24 小时, 亦即第 0 小时; 作 2 次滑动时, 滑动距离为 4 小时, 构成遍历性比较子序列 x_2, 灰关联时区为第 24−4= 20 小时; 作 3 次滑动时, 滑动距离为 8 小时, 构成遍历性比较子序列 x_3, 灰关联时区为第 24−8 = 16 小时; 依此类推, 遍历性比较子序列 x_4 的灰关联时区为第 24−12 = 12 小时; x_5 的灰关联时区为第 24−16 = 8 小时; x_6 的灰关联时区为第 24−20=4 小时.

(2) 由结果可见, $\gamma(x_0,x_1)=$ 0.678643 最大, 其次为 $\gamma(x_0,x_3)$; 然后 $\gamma(x_0,x_6)$, $\gamma(x_0,x_5)$, $\gamma(x_0,x_2)$, $\gamma(x_0,x_4)$ 依次增大. 据此, 可以得出 AⅡ 与 ASBP 的遍历性灰关联度以第 0 小时和第 16 小时最强, 第 20 小时左右是低关联区, 0 至 8 小时之间也是低关联区, 随后灰关联性增强.

(3) 结果提示如下. ①AⅡ 对 SBP 的影响存在即刻的作用, 这可能与其较强的缩血管效应有关[192]. ② 交感神经与 SBP 高度并行性变化; 同时, 交感神经兴奋又是激活 "肾素–血管紧张素系统 (RAAS)" 的重要因素之一, 这可能是形成 AⅡ 与 SBP 即刻高灰关联性的原因[192]. ③ AⅡ 除对 SBP 产生即刻影响外, 尚存在其介导作用[193]; 它所介导的生理效应持续 16 小时左右, 经历由弱渐强的过程. 被介导因子有待进一步研究探讨.

本 章 小 结

(1) 首次提出了遍历性灰关联空间理论,定义了满子列、非满子列、可遍历 (因子) 序列,以及遍历性因子子序列的构造方法.

(2) 首次定义了遍历性灰关联空间、遍历性多参考列灰关联空间、遍历性灰关联度、局部遍历性灰关联度、局部遍历性灰关联度矩阵; 给出了总体遍历性灰关联度的命题和计算公式.

(3) 结合实例,对遍历性灰关联分析步骤做了阐述.

(4) 通过对正常人 AII 与 ASBP 的遍历性灰关联分析,得出了 AII 与 ASBP 的强关联时区为第 0 小时和第 16 小时的结果,并从生理学角度对结果进行了讨论.

第五章 灰关联极性分析理论与应用

在医学多因素分析研究中,经常会遇到因素间关联极性未明确的问题. 灰关联分析要求因子极性明确且一致[74,78,79],因此,需探讨灰关联极性的分析理论与方法,以满足灰关联分析要求.

第一节 基本理论

一、基本定义、命题及定理

定义 5.1 令 x_a' 为给定的望大极性因子,即希望大或越大越好的因子,x_b 为极性不明的因子. 则称 x_a' 的上限效果测度序列为标准参考列,记为 x_a,

$$x_a = (x_a(1), x_a(2), \cdots, x_a(n)), \tag{5.1}$$

其中 $x_a(k) = \dfrac{x_a'(k)}{\max\limits_k x_a'(k)}, k \in \{1,\ 2,\ \cdots,\ n\}$;

称 x_b 的上限效果测度序列为上限比较列,记为 x_{bu},

$$x_{bu}(k) = \dfrac{x_b(k)}{\max\limits_k x_b(k)}, \qquad k \in \{1,\ 2,\ \cdots,\ n\}; \tag{5.2}$$

称 x_b 的下限效果测度序列为下限比较列,记为 x_{bl},

$$x_{bl}(k) = \dfrac{\min\limits_k x_b(k)}{x_b(k)}, \qquad k \in \{1,\ 2,\ \cdots,\ n\}; \tag{5.3}$$

称 X 为灰关联因子集,

$$X = \{x_a, x_{bu}, x_{bl}\};$$

称 X 上的灰关联度: $\gamma(x_a, x_{bu})$ 为 x_b 对 x_a' 的上限灰关联度;
称 X 上的灰关联度: $\gamma(x_a, x_{bl})$ 为 x_b 对 x_a' 的下限灰关联度.

公理 5.1 令 $\gamma(x_a, x_{bu})$ 与 $\gamma(x_a, x_{bl})$ 分别为 X 上的 x_b 对于 x_a' 的上限与下限灰关联度,若 $\gamma(x_a, x_{bu}) > \gamma(x_a, x_{bl})$,则称 x_b 与 x_a' 具有同极性,否则为反极性.

定义 5.2 令 x_a' 为给定的望小极性的因子,即希望小或越小越好的因子,x_b 为极性不明的因子. 则称 x_a' 的下限效果测度序列为标准参考列,记为 x_a,

$$x_a = (x_a(1), x_a(2), \cdots, x_a(n)), \tag{5.4}$$

其中 $x_a(k) = \dfrac{\min\limits_{k} x'_a(k)}{x'_a(k)}, k \in \{1, 2, \cdots, n\}$;

同理, 有 x_b 的上限效果测度序列, 记为 x_{bu}, 以及下限效果测度序列, 记为 x_{bl}.

称 X 为灰关联因子集,

$$X = \{x_a, x_{bu}, x_{bl}\}.$$

称 X 上的灰关联度: $\gamma(x_a, x_{bl})$ 为 x_b 对 x'_a 的下限灰关联度;

称 X 上的灰关联度: $\gamma(x_a, x_{bu})$ 为 x'_b 对 x_a 的上限灰关联度.

公理 5.2 令 $\gamma(x_a, x_{bl})$ 与 $\gamma(x_a, x_{bu})$ 分别为 X 上的 x_b 对于 x'_a 的下限与上限灰关联度, 若 $\gamma(x_a, x_{bl}) > \gamma(x_a, x_{bu})$, 则称 x_b 与 x'_a 具有同极性, 否则为反极性.

定理 5.1 称同极性因子间的灰关联为正性灰关联, 称反极性因子间的灰关联为负性灰关联.

证: 由定义和公理可得.

二、分析步骤

令 W 为白化元素集, G 为极性未知或不明的元素集, 记原因子为 x'_i, 原因子集为 X', 测度处理后的因子为 x_i, 像因子集为 X, 记测度变换为 M[74,78].

(1) 确定原因子集 X', $X' = \{x'_a, x'_b, \cdots, x'_\sigma\}; a, b, \cdots, \sigma \in A$.

(2) 确定参考因子序列 $x_a, a \in A$; 记参考因子极性为 $P(x_a)$, 则 $P(x_a) \in W$, 即参考因子极性已知.

(3) 选定比较因子序列 $x_b, b \in A$; 记比较因子极值为 $P(x_b)$, 则 $P(x_b) \in G$, 即比较因子的极性未知.

(4) $M: x'(k) = x(k)$, M 为测度变换, 即对因子序列做效果测度化处理.

(5) 记 X_{gra} 为灰关联因子集, 则作极性判断的参考序列 x_a 为 $x_a = Mx'_a$; 被判断极性的比较列 x_b 为 $x_b = Mx'_b$, 并且 $x_a, x_b \in X_{\text{gra}}$.

(6) 以测度化后序列为基础进行灰关联分析.

(7) 按照公理 5.1 和公理 5.2 进行因子极性判断, 确定灰关联因子间的正或负性灰关联性质.

(8) 对判明极性的因子集, 进行常规灰关联分析.

第二节 应用实例

例 5.1 本例是对老年肺心病 (PHD) 患者血浆内皮素 -1(ET-1) 与肺动脉收缩压 (PAP_s)、肺动脉平均压 (PAP_m)、动脉血氧分压 (PaO_2)、动脉血二氧化碳分压 ($PaCO_2$) 的灰关联分析. 选自某医院住院的老年 PHD 患者 10 例, 其中男 6 例,女 4 例; 年龄 62~79 岁 (平均 65 岁). PHD 参照 "全国第三次肺心病专题会议修订标准 (1980 年, 安徽黄山市)". 以症状、心电图 Q 波、超声心动图节段性室壁运动异常等除外冠心病, 排除高、低血压, 排除糖尿病、肾脏疾病、心瓣膜病或显著的瓣膜反流等; 支气管扩张剂、强心剂及利尿剂均于进入研究前 2 周停药.

实验方法: 取每个观察者的肘正中静脉血液标本, 经离心提取血浆, 以 FJ-2008 型放免计数仪自动检测血浆 ET-1 水平, 结果取双管平均值. 以 IL-1303 型血气分析仪行动脉血气分析. 经右贵要静脉、肘正中静脉或颈内静脉以国产微导管穿刺至肺动脉, 与 RM-6200 型 4 导生理记录仪连接, 记录 PAP$_s$, PAP$_m$ 等. 同时采集所需血液标本. 原始数据见表 5.1.

表 5.1 10 例 PHD 原始数据

k	x_0	x_1	x_2	x_3	x_4
1	5.46	4.01	2.80	8.22	6.55
2	4.62	4.83	2.95	9.72	5.48
3	5.10	4.33	2.28	8.60	6.32
4	6.20	5.74	4.04	7.66	7.82
5	5.89	4.51	3.62	7.86	7.38
6	5.22	6.10	5.22	8.70	6.32
7	5.33	3.88	2.68	8.56	6.37
8	6.88	7.96	5.80	7.02	7.96
9	6.88	6.61	4.64	7.14	7.84
10	5.68	4.27	3.04	7.87	6.88

注: x_0= ET-1, x_1=PAP$_s$, x_2= PAP$_m$, x_3= PaO$_2$, x_4= PaCO$_2$.

1. 参数定义

令 x_0=ET-1 为参考因子, $x_i = \{x_i | i \in I, I = \{1, 2, 3, 4\} = \{\text{PAP}_s, \text{PAP}_m, \text{PaO}_2, \text{PaCO}_2\}\}$ 为比较因子集, $k = 1, 2, \cdots, 10$ 为观察者序号. $x_0(k), x_i(k)$ 分别为 x_0 和 x_i 的第 k 个观察值.

2. 灰关联因子极性分析

(1) 确定 x_0 极性. 文献报道, ET-1 的血浆水平与 PHD 的病情相平行, 是导致 PHD 加重的因素[223,224], 故 x_0 为已知的望小极性因子. 对 x_0 作下限效果测度生成, 有

$$Mx_0 = \left(\frac{4.62}{5.46}, \frac{4.62}{4.62}, \frac{4.62}{5.10}, \frac{4.62}{6.20}, \frac{4.62}{5.89}, \frac{4.62}{5.22}, \frac{4.62}{5.33}, \frac{4.62}{6.88}, \frac{4.62}{6.88}, \frac{4.62}{5.68} \right)$$

$$= (0.8462, 1, 0.9059, 0.7452, 0.7844, 0.8851, 0.8668, 0.6715, 0.6715, 0.8134).$$

第二节 应用实例

(2) 对 x_i 作测度化处理. 如: 当 x_1=PAP$_s$, 有: $Mx_l = \{x_{1l}, x_{lu}\}$;

$$x_{1l} = \left(\frac{3.88}{4.01}, \frac{3.88}{4.83}, \frac{3.88}{4.33}, \frac{3.88}{5.74}, \frac{3.88}{4.51}, \frac{3.88}{6.10}, \frac{3.88}{3.88}, \frac{3.88}{7.96}, \frac{3.88}{6.61}, \frac{3.88}{4.27}\right)$$
$$= (0.9676, 0.8033, 0.8961, 0.6760, 0.8603, 0.6361, 1, 0.4874, 0.5870, 0.9087);$$

$$x_{1u} = \left(\frac{4.01}{7.96}, \frac{4.83}{7.96}, \frac{4.33}{7.96}, \frac{5.74}{7.96}, \frac{4.51}{7.96}, \frac{6.10}{7.96}, \frac{3.87}{7.96}, \frac{7.96}{7.96}, \frac{6.61}{7.96}, \frac{4.27}{7.96}\right)$$
$$= (0.5075, 0.6068, 0.5440, 0.7211, 0.5666, 0.7663, 0.4874, 1, 0.8303, 0.5364).$$

(3) 求差序列. 结果为

$$\Delta_{01l} = (0.1214, 0.1967, 0.0098, 0.0692, 0.0759, 0.249, 0.1332, 0.1841, 0.0854, 0.0953);$$

$$\Delta_{01u} = (0.3387, 0.3932, 0.3619, 0.0241, 0.2178, 0.1188, 0.3794, 0.3285, 0.1589, 0.2270).$$

(4) 求环境参数. 由 (3) 可知

$$\min_i \min_k |x_0(k) - x_i(k)| = 0.0098,$$

$$\max_i \max_k |x_0(k) - x_i(k)| = 0.3939,$$

$$i = 1, 2 = 1l, 1u; \quad k = 1, 2, \cdots, 10.$$

(5) 求灰关联系数. 按公式

$$\gamma(x_0(k), x_i(k)) = \frac{0.0098 + 0.5 \times 0.3939}{\Delta_{0i}(k) + 0.5 \times 0.3939}, \quad i = 1, 2 = 1l, 1u; \quad k = 1, 2, \cdots, 10.$$

求得

$$\gamma(x_0(k), x_{1l}(k)) = \{0.6494, 0.5252, 1, 0.7768, 0.7577, 0.4636,$$
$$0.6262, 0.5426, 0.7346, 0.7074\},$$
$$\gamma(x_0(k), x_{1u}(k)) = \{0.386, 0.3503, 0.37, 0.9353, 0.4985, 0.6548,$$
$$0.3587, 0.3935, 0.581, 0.4877\}.$$

(6) 求下限和上限灰关联度.

$$\gamma(x_0, x_{1l}) = \frac{1}{10} \sum_{k=1}^{10} \gamma(x_0(k), x_{1l}(k))$$
$$= \frac{1}{10}(0.6494 + 0.5252 + 1 + \cdots + 0.7074) = 0.67835,$$

$$\gamma(x_0, x_{1u}) = \frac{1}{10} \sum_{k=1}^{10} \gamma(x_0(k), x_{1u}(k))$$
$$= \frac{1}{10}(0.386 + 0.3503 + 0.37 + \cdots + 0.4877) = 0.50158.$$

(7) 因子极性判断. 因 $\gamma(x_0, x_{1l}) > \gamma(x_0, x_{1u})$, 故 x_1 与 x_0 为同极性因子.

(8) 仿 (6), 求得

$$\gamma(x_0, x_{2l}) = 0.691592; \quad \gamma(x_0, x_{2u}) = 0.577083,$$

有 $\gamma(x_0, x_{2l}) > \gamma(x_0, x_{2u})$, 故 x_2 与 x_0 为同极性因子;

$$\gamma(x_0, x_{3l}) = 0.5875; \quad \gamma(x_0, x_{3u}) = 0.887674,$$

有 $\gamma(x_0, x_{3l}) < \gamma(x_0, x_{3u})$, 故 x_3 与 x_0 为反极性因子;

$$\gamma(x_0, x_{4l}) = 0.887185; \quad \gamma(x_0, x_{4u}) = 0.555522,$$

有 $\gamma(x_0, x_{4l}) > \gamma(x_0, x_{4u})$, 故 x_4 与 x_0 为同极性因子.

因此, x_1, x_2, x_4 与 x_0 为正性灰关联因子, x_3 与 x_0 为负性灰关联因子.

3. 常规灰关联分析

经第 2 步的分析知, $x_3(\text{PaO}_2)$ 与 $x_0(\text{ET-1})$ 的极性相反. 对 PaO_2 进行极性 (倒数) 转换, 然后, 按区间化法对原始数据列进行无量纲化处理, 求差序列、灰关联系数、灰关联度, 结果见表 5.2~表 5.4.

可见, $\gamma(x_0, x_3) > \gamma(x_0, x_4) > \gamma(x_0, x_2) > \gamma(x_0, x_1)$, 即 $x_3 \succ x_4 \succ x_2 \succ x_1$.

结论为: $x_0(\text{ET-1})$ 与 $x_3(\text{PaO}_2)$ 负性灰关联, 与 $x_4(\text{PaCO}_2)$, $x_2(\text{PAP}_m)$, $x_1(\text{PAP}_s)$ 正性灰关联; 灰关联序为与 ET-1 的关系依 $\text{PaO}_2 \succ \text{PaCO}_2 \succ \text{PAP}_m \succ \text{PAP}_s$ 由强到弱.

表 5.2 10 例 PHD 患者无量纲数据

k	x_0	x_1	x_2	x_3	x_4
1	0.37168	0.03186	0.14773	0.47435	0.43145
2	0.00000	0.23284	0.19034	0.00000	0.00000
3	0.21239	0.11029	0.00000	0.33864	0.33871
4	0.69912	0.45588	0.50000	0.69927	0.94355
5	0.56195	0.15441	0.38068	0.61537	0.76613
6	0.26549	0.54412	0.83523	0.30478	0.33871
7	0.31416	0.00000	0.11364	0.35229	0.35887
8	1.00000	1.00000	1.00000	1.00000	1.00000
9	1.00000	0.66912	0.67045	0.93960	0.95161
10	0.46903	0.09559	0.21591	0.61107	0.56452

第二节 应用实例

表 5.3 10 例 PHD 患者灰关联分析的差序列

k	$\Delta_{01}(k)$	$\Delta_{02}(k)$	$\Delta_{03}(k)$	$\Delta_{04}(k)$
1	0.33982	0.22395	0.10267	0.05977
2	0.23284	0.19034	0.00000	0.00000
3	0.10210	0.21239	0.12625	0.12632
4	0.24324	0.19912	0.00015	0.24443
5	0.40754	0.18127	0.05342	0.20418
6	0.27863	0.56974	0.03929	0.07322
7	0.31416	0.20052	0.03813	0.04471
8	0.00000	0.00000	0.00000	0.00000
9	0.33088	0.32955	0.06040	0.04839
10	0.37344	0.25312	0.14204	0.09549

表 5.4 10 例 PHD 患者的 $\gamma(x_0(k), x_i(k))$ 结果

k	$\gamma(x_0(k), x_i(k))$			
	$i=1$	2	3	4
1	0.45602	0.55986	0.73507	0.82657
2	0.55025	0.59946	1.00000	1.00000
3	0.73616	0.57288	0.69291	0.69279
4	0.53941	0.58859	0.99947	0.53820
5	0.41142	0.61113	0.84209	0.58250
6	0.50554	0.33333	0.87879	0.79553
7	0.47555	0.58689	0.88195	0.86434
8	1.00000	1.00000	1.00000	1.00000
9	0.46264	0.46364	0.82506	0.85480
10	0.43273	0.52951	0.66728	0.74895

求得

$$\gamma(x_0, x_1) = 0.55697, \quad \gamma(x_0, x_2) = 0.58453,$$

$$\gamma(x_0, x_3) = 0.85226, \quad \gamma(x_0, x_4) = 0.79037.$$

4. 讨论

(1) 经灰关联极性分析可知，PaO_2 与血浆 ET-1 呈负性灰关联，与 PAP_s，PAP_m，$PaCO_2$ 呈正性灰关联，与文献报道结论一致[225-228]。

(2) ET 被认为是由血管内皮细胞产生的、最强的、持续时间最长的缩血管肽类物质之一，由 ET-1，ET-2，ET-3 等多种成分组成[225-227]。研究发现 ET-1 在肺内含量最高，且肺血管对 ET-1 的反应性也最强[227,228]。PHD 患者的血浆 ET-1 升高，其程度与病情平行。有学者推测 ET-1 可能与某些肺疾病相关联[223,224]。ET-1 的缩血管作用可使肺血管及气道阻力增加，引起低氧血症[225]；而低氧血症和高碳

酸血症又可引起 ET-1 分泌, 造成肺内血管与气道紧张收缩, 使低氧与高碳酸血症进一步加重[225,229−231]. 这将会导致恶性循环.

(3) 本例分析提示, 低氧血症较高碳酸血症对 ET-1 分泌的刺激作用强; 血浆 ET-1 增高与其产生的肺血流动力学效应不成比例. 血气对 ET-1 分泌的刺激作用较 ET-1 产生的血流动力学效应显著. 结果提示, 老年 PHD 患者除低氧和高碳酸血症外, 尚可能有其他影响肺 ET-1 分泌的因素, 或升高的血浆 ET-1 对肺血流动力学的效应可能部分地被体内某些拮抗性因子所对抗.

本 章 小 结

本章主要介绍了灰关联分析中以往难以解决的因子极性判断问题:

(1) 提出了灰关联上限、下限效果测度序列的概念与计算公式;

(2) 提出了判断因子极性的灰关联公理;

(3) 介绍了医学灰关联极性分析步骤;

(4) 灰关联极性分析符合测度化原则与灰关联基本原理, 符合医学实践的需要, 实例分析证明其具有可靠性、可操作性、计算简单、易于掌握等特点.

第六章 广义灰关联度与灰关联序检验

灰关联分析用灰色关联顺序(称为灰关联序)(grey relational order, GRO) 来描述因素间关系的强弱、大小和次序. 其基本思想: 以因素的数据序列为依据, 用数学的方法研究因素间的几何对应关系, 其几何曲线越接近, 相应序列之间关联度就越大, 反之越小. 既往的应用分析, 均未进行灰关联序检验, 而直接将灰关联度进行排序. 事实上, 我们并不能确定灰关联度之间是否真的存在"显著差异", 因此, 我们提出了灰关联序检验的方法. 灰关联序检验以传统的灰关联分析方法为基础, 结合广义灰关联理论、二维空间理论及概率理论提炼而成.

第一节 广义灰关联度

定义 6.1 令 γ_{0i} 为 x_i 对 x_0 的灰关联度, 又令 $\xi_{0i}(k)$ 为 x_i 对 x_0 的 k 点灰关联系数, $k=1, 2, \cdots, n$, 则称 γ_{0i} 为 $\xi_{0i}(k)$ 的均数;

称 $\xi_{0i}(k)$ 为灰关联系数的第 k 个值;

称 $\gamma_{0i} - \xi_{0i}(k)$ 为灰关联离均差 (即平均值与个别值之差);

称 $\sum_{k=1}^{n}(\gamma_{0i} - \xi_{0i}(k))^2$ 为离均差的平方和;

称 $\left[\sum_{k=1}^{n}(\gamma_{0i} - \xi_{0i}(k))^2\right] \Big/ (n-1)$ 为灰关联方差.

定义 6.2 令 γ_{0i} 为 x_i 对 x_0 的灰关联度, $\xi_{0i}(k)$ 为第 k 点 x_i 对 x_0 的灰关联系数, 则灰关联方差的平方根, 称为灰关联标准差, 记为 $S_{\gamma_{0i}}$, 即

$$S_{\gamma_{0i}} = \sqrt{\sum_{k=1}^{n}(\gamma_{0i} - \xi_{0i}(k))^2 \Big/ (n-1)}.$$

命题 6.1 灰关联标准差的一种表达式为

$$S_{\gamma_{0i}} = \sqrt{\left[\sum_{k=1}^{n}(\xi_{0i}(k))^2 - \left(\sum_{k=1}^{k}\xi_{0i}(k)\right)^2 \Big/ n\right] \Big/ (n-1)}.$$

证: 标准差的定义式中,

$$\sum_{k=1}^{n}(\gamma_{0i}-\xi_{0i}(k))^2$$
$$=\sum_{k=1}^{n}[(\gamma_{0i})^2-2\gamma_{0i}\cdot\xi_{0i}(k)+\xi_{0i}(k)^2]$$
$$=n\cdot(\gamma_{0i})^2-2\cdot\gamma_{0i}\cdot\sum_{k=1}^{n}\xi_{0i}(k)+\sum_{k=1}^{n}(\xi_{0i}(k))^2$$
$$=n\cdot\left[\frac{\sum_{k=1}^{n}\xi_{0i}(k)}{n}\right]^2-2\cdot\frac{\sum_{k=1}^{n}(\xi_{0i}(k))}{n}\cdot\sum_{k=1}^{n}\xi_{0i}(k)+\sum_{k=1}^{n}(\xi_{0i}(k))^2$$
$$=\frac{\left(\sum_{k=1}^{n}\xi_{0i}(k)\right)^2}{n}-2\cdot\frac{\left(\sum_{k=1}^{n}\xi_{0i}(k)\right)^2}{n}+\sum_{k=1}^{n}(\xi_{0i}(k))^2$$
$$=\sum_{k=1}^{n}(\xi_{0i}(k))^2-\frac{\left(\sum_{k=1}^{n}\xi_{0i}(k)\right)^2}{n}.$$

定义 6.3 令 γ_{0i} 为 x_i 对 x_0 的灰关联度，$S_{\gamma_{0i}}$ 为灰关联标准差，则：

(1) 称 $\gamma_{0i}\pm S_{\gamma_{0i}}$ 为 x_i 对 x_0 的广义灰关联度；

(2) 称 $[\gamma_{0i}-S_{\gamma_{0i}},\gamma_{0i}+S_{\gamma_{0i}}]$ 为广义灰关联区间；

(3) 称 γ_{0i} 为白化灰关联度中值；

(4) 称 $\gamma_{0i}-S_{\gamma_{0i}}$ 为白化灰关联度下限；

(5) 称 $\gamma_{0i}+S_{\gamma_{0i}}$ 为白化灰关联度上限；

(6) 称以 γ_{0i} 排列的灰关联序为中值灰关联序；

(7) 称以 $\gamma_{0i}-S_{\gamma_{0i}}$ 排列的灰关联序为下限灰关联序；

(8) 称以 $\gamma_{0i}+S_{\gamma_{0i}}$ 排列的灰关联序为上限灰关联序.

命题 6.2 记广义灰关联度为灰数 $\otimes$，记 $\tilde{\otimes}$ 为 $\otimes$ 的白化值，则有

$$\forall\tilde{\otimes}\in\otimes\Rightarrow\tilde{\otimes}=\{\gamma_{0i},\gamma_{0i}-S_{\gamma_{0i}},\gamma_{0i}+S_{\gamma_{0i}}\},$$

上式中 $\{\gamma_{0i},\gamma_{0i}-S_{\gamma_{0i}},\gamma_{0i}+S_{\gamma_{0i}}\}$ 为广义灰关联度的信息覆盖.

证：略.

第 二 节 灰关联序检验

定义 6.4 令 γ_{0i} 为 x_i 与 x_0 的灰关联度, $S_{\gamma_{0i}}$ 为灰关联标准差; γ_{0j} 为 x_j 对 x_0 的灰关联度, $S_{\gamma_{0j}}$ 为灰关联标准差.

公理 6.1 若 $\gamma_{0i} > \gamma_{0j}$, 则 $i \succ j$, 即 i 大于或优于 j.

命题 6.3 对于广义灰关联度

$$\gamma_{0i} \pm S_{\gamma_{0i}} \quad \text{和} \quad \gamma_{0j} \pm S_{\gamma_{0j}},$$

若有 $\gamma_{0i} > \gamma_{0j}$, 且

$$(\gamma_{0i} - S_{\gamma_{0i}}) > (\gamma_{0j} - S_{\gamma_{0j}}), \quad (\gamma_{0i} + S_{\gamma_{0i}}) > (\gamma_{0j} + S_{\gamma_{0j}}),$$

则称 i 真大 (或真优) 于 j, 记为 $i \succ j$.

证: 见公理.

命题 6.4 对于广义灰关联度

$$\gamma_{0i} \pm S_{\gamma_{0i}} \quad \text{和} \quad \gamma_{0j} \pm S_{\gamma_{0j}},$$

若有 $\gamma_{0i} > \gamma_{0j}$, 且

$$(\gamma_{0i} - S_{\gamma_{0i}}) > (\gamma_{0j} - S_{\gamma_{0j}}), \quad (\gamma_{0i} + S_{\gamma_{0i}}) < (\gamma_{0j} + S_{\gamma_{0j}})$$

或

$$(\gamma_{0i} - S_{\gamma_{0i}}) < (\gamma_{0j} - S_{\gamma_{0j}}), \quad (\gamma_{0i} + S_{\gamma_{0i}}) > (\gamma_{0j} + S_{\gamma_{0j}}),$$

则称 i 伪优于 j, 记为 $i \tilde{\succ} j$.

证: 见公理 6.1.

定义 6.5 称 $i \succ j$ 为显著性灰关联序; 称 $i \tilde{\succ} j$ 为非显著性灰关联序.

第 三 节 广义灰关联度及灰关联序检验的意义

(1) 由定义 6.1 知, 灰关联度 γ_{0i} 为 $\xi_{0i}(k)$, $k=1, 2, 3, \cdots, n$ 的平均数; 若令 ξ 为定值, $\xi \in (0, 1)$, 则由灰关联系数和灰关联度的计算公式知, γ_{0i} 的白化解唯一.

(2) 由定义 6.1 知, 灰关联标准差 $S_{\gamma_{0i}}$ 为灰关联方差之平方根, 则 $S_{\gamma_{0i}}$ 为 $\xi_{0i}(k)$ 的变异性参数, $k=1, 2, 3, \cdots, n$.

(3) 由命题 6.2 知, 广义灰关联度为灰数 $\otimes$, 若其白化值记为 $\tilde{\otimes}$,

$$\forall \tilde{\otimes} \in \otimes \Rightarrow \tilde{\otimes} = \{\gamma_{0i}, \gamma_{0i} - S_{\gamma_{0i}}, \gamma_{0i} + S_{\gamma_{0i}}\},$$

其中 γ_{0i} 是平均趋势的内涵, $\gamma_{0i} - S_{\gamma_{0i}}$ 有平均值下变异扩展的内涵, $\gamma_{0i} + S_{\gamma_{0i}}$ 有平均值上变异扩展的内涵. 上、下扩展后的灰关联序, 使分辨的敏感性增强.

(4) 以白化灰关联度中值、白化灰关联度下限、白化灰关联度上限作 "三序" 排列, 是解的非唯一性原理的具体体现. 根据 "三序" 综合判断、检验, 灰关联分析的有效性和客观性得到了提高.

例 6.1 选取 37 例某医科大学附属医院住院的收缩期高血压 (SH) 患者, 进行 SH、左心室充盈功能 (LVFF) 与动态血压 (ABP) 关系的灰关联研究. 其中男 30 例, 女 7 例; 年龄 46~74 岁 (平均 59 岁)(初老期 18 例, 老年期 19 例). 入选标准[191,232,233] 为 I, II 期高血压, 依据偶测血压 (CBP), 其 SBP⩾160 mmHg, 舒张压 (DBP)<95 mmHg. 排除了其他系统和其他心血管疾病, 均无充血性心力衰竭. 进入研究前停用降压药物和影响心功能的药物 2 周以上.

血压测量[232-237]: CBP 取 3 次非同日坐位右肱动脉血压的平均值. ABP: 以日本 Collin 公司无创性、便携式 ABPM-630 型监测仪行 24h ABP 监测, 起止时间为 12:00, 测量间隔设置为 30min, 被测者生活节律照常. ABP 参数为不同观察阶段 [24h、日间 (6:00~22:00)、夜间 (22:30~5:30)] 的平均值.

超声心动图[158-166]: 仪器为美国 Acuson 128-XP 彩色电脑声像系统. 受检者取左侧卧位和平卧位, 在二维超声引导下行脉冲多普勒心脏超声检测. 探头频率 2.5~3.5MHz, 于心尖四腔切面采取最佳二尖瓣血流频谱, 取样容积置于开放的二尖瓣水平, 扫描束与血流束夹角逼近 0°, 取样门宽 7.00mm. 同步描记标 II 导联心电图, 以测定心动时相, 扫描曲线于荧屏示波, 示波速度 50mm/s. 冻结理想曲线后测量计算二尖瓣早期充盈血流频谱峰值流速 (e 峰)、晚期充盈血流频谱峰值流速 (a 峰) 及其两者比值 (e/a), 结果均取 5 个心动周期平均值.

原始资料见表 6.1.

分析步骤:

(1) 经无量纲化、求差序列, 求得环境参数为

$$\min_i \min_k |x_0(k) - x_i(k)| = 0.00089,$$
$$\max_i \max_k |x_0(k) - x_i(k)| = 0.89879.$$

(2) 按公式 $\xi_{0i}(k) = \dfrac{\min_i \min_k |x_0(k) - x_i(k)| + \zeta \cdot \max_i \max_k |x_0(k) - x_i(k)|}{\Delta_{0i}(k) + \zeta \cdot \max_i \max_k |x_0(k) - x_i(k)|}$, 得 ξ_{0i} 序列:

$\xi_{01} = (0.39402, 0.44588, 0.59804, 0.45555, 0.65691, 0.84459, 0.84472, 0.80109,$
$\quad\quad 0.58282, 0.65770, 0.80761, 0.82226, 0.56052, 0.66222, 0.70571, 0.93190,$

第三节 广义灰关联度及灰关联序检验的意义

0.39166, 0.59732, 0.62400, 0.81929, 0.74251, 0.70641, 0.74422, 0.58583,
0.52797, 0.51775, 0.60977, 0.86666, 0.93841, 0.70910, 0.73642, 0.62689,
0.69133, 0.90179, 0.84480, 0.69640, 0.69263);

表 6.1 37 例 SH 的原始资料

k	1	2	3	4	5	6	7	8	9	10	11	12
x_0	0.47	0.54	0.9	1.68	1.26	0.95	0.8	0.83	1.15	0.84	0.85	0.93
x_1	66	60	74	62	54	58	58	54	63	46	65	60
x_2	190.4	160.6	160.65	166.6	172.55	178.5	189.21	216.1	178.5	180	190.4	170.17
x_3	90	83	75	90	85	92	90	113	97	80	95	90
x_4	161.6	150	133.64	135.73	131.7	131.4	137	180	134.4	134	148.6	134.8
x_5	78	92	62.94	72.31	80.5	78.6	79	105.5	82.8	75.5	78.7	83.6
k	13	14	15	16	17	18	19	20	21	22	23	24
x_0	1.2	0.83	1.1	0.73	0.55	0.68	0.75	0.71	0.66	0.75	0.92	0.60
x_1	63	47	57	67	50	56	51	65	67	56	64	65
x_2	178.5	187.43	178.5	206	243	180.88	197.54	178.5	214.2	190.4	170.17	188.02
x_3	97	98	90	98	120	96	100	98	91	105	75	89
x_4	134.4	142.7	147.38	181.94	207.61	160.65	161.58	137.4	170.8	161.6	142.8	154.9
x_5	82.8	84.63	83.32	91.54	117.93	90.04	97.3	80.9	90.7	100.3	74.2	85.1
k	25	26	27	28	29	30	31	32	33	34	35	36	37
x_0	0.63	0.63	0.75	0.75	0.81	1.05	1	0.8	1.13	0.72	0.72	0.64	1.07
x_1	56	55	50	63	64	59	60	47	57	67	65	67	59
x_2	185.64	188	178.5	178.5	182.07	178	214.2	187.43	178.5	206	178.5	214.2	178
x_3	101	92	80	86	81	95	98	98	90	98	98	91	95
x_4	148.4	147	162.2	173.6	151	139.7	171.81	142.7	147.38	181.94	137.4	170.8	139.7
x_5	95.6	96	90.4	89	89.5	74.5	94.97	84.63	83.32	91.56	81	91	74.46

注: x_0 为左心室舒张功能障碍 (LVFD), x_1 为年龄 (岁), x_2 为偶测收缩压 (CSBP), x_3 为偶测舒张压 (CDBP), x_4 为 24h 动态收缩压 (ASBP$_{24h}$), x_5 为 24h 动态舒张压 (ADBP$_{24h}$).

$x_{02} = (0.36448, 0.38795, 0.84583, 0.53873, 0.64384, 0.88027, 0.90534, 0.77155,$
$0.67528, 0.90755, 0.93467, 0.99836, 0.64553, 0.96097, 0.71130, 0.88429,$
$0.65116, 0.61764, 0.86016, 0.65347, 0.76503, 0.80167, 0.97688, 0.52532,$
$0.56105, 0.57001, 0.72005, 0.72007, 0.86181, 0.75819, 0.60266, 0.88832,$
$0.68877, 0.85713, 0.66960, 0.71617, 0.73904);$

$x_{03} = (0.37730, 0.43479, 0.87481, 0.53904, 0.70290, 0.98242, 0.73760, 0.73956,$
$0.75814, 0.77677, 0.97809, 0.94457, 0.72084, 0.84205, 0.69746, 0.93498,$
$0.71590, 0.70099, 0.86620, 0.60664, 0.73390, 0.86643, 0.96904, 0.53198,$

0.54794, 0.54189, 0.87303, 0.98349, 0.89076, 0.80628, 0.61782, 0.78574,

0.67603, 0.96739, 0.62052, 0.68882, 0.78506);

$x_{04} =$(0.35007, 0.39933, 0.76930, 0.49355, 0.65233, 0.82489, 0.83105, 0.70069,

0.59646, 0.75188, 0.92900, 0.89135, 0.57313, 0.93552, 0.69690, 0.80774,

0.64221, 0.67773, 0.89170, 0.79179, 0.59563, 0.99796, 0.79720, 0.49700,

0.63452, 0.55837, 0.62536, 0.68691, 0.71986, 0.67899, 0.68741, 0.98791,

0.67550, 0.78502, 0.78505, 0.56556, 0.66387);

$x_{05} =$(0.33399, 0.33775, 0.68137, 0.57411, 0.63318, 0.95925, 0.76044, 0.68983,

0.66860, 0.77328, 0.86318, 0.88589, 0.63942, 0.92191, 0.69705, 0.82144,

0.72400, 0.69166, 1.00000, 0.63918, 0.66105, 0.93160, 0.88362, 0.51478,

0.65691, 0.66140, 0.84891, 0.82366, 0.98508, 0.88845, 0.63945, 0.85484,

0.67565, 0.79828, 0.65571, 0.62728, 0.86351).

(3) 按公式 $\gamma_{0i} = \dfrac{1}{n}\sum_{k=1}^{n}\xi_{0i}(k)$ 和公式

$$S_{\gamma_{0i}} = \sqrt{\left[\sum_{k=1}^{n}(\xi_{0i}(k))^2 - \left(\sum_{k=1}^{k}\xi_{0i}(k)\right)^2 \Big/ n\right]\Big/(n-1)}$$

求得 x_i 对 x_0 的广义灰关联度为

$\gamma_{01} \pm S_{\gamma_{01}} = 0.684938 \pm 0.145032,\quad \gamma_{02} \pm S_{\gamma_{02}} = 0.736763 \pm 0.156426,$

$\gamma_{03} \pm S_{\gamma_{03}} = 0.751815 \pm 0.158870,\quad \gamma_{04} \pm S_{\gamma_{04}} = 0.706722 \pm 0.151570,$

$\gamma_{05} \pm S_{\gamma_{05}} = 0.73691 \pm 0.157110.$

(4) 排列灰关联序列:

a. 白化灰关联度中值排序为: $\gamma_{03} > \gamma_{05} > \gamma_{02} > \gamma_{04} > \gamma_{01}$,有 $x_3 \succ x_5 \succ x_2 \succ x_4 \succ x_1$.

b. 白化灰关联度下限为

$\gamma_{01} - S_{\gamma_{01}} = 0.539906,\quad \gamma_{02} - S_{\gamma_{02}} = 0.580337,$

$\gamma_{03} - S_{\gamma_{03}} = 0.592945,\quad \gamma_{04} - S_{\gamma_{04}} = 0.555152,$

$\gamma_{05} - S_{\gamma_{05}} = 0.5798.$

白化灰关联度下限排序: $x_3 \succ x_2 \succ x_5 \succ x_4 \succ x_1$.

c. 白化灰关联度上限为

$$\gamma_{01} + S_{\gamma_{01}} = 0.82997, \quad \gamma_{02} + S_{\gamma_{02}} = 0.0.893189,$$
$$\gamma_{03} + S_{\gamma_{03}} = 0.910685, \quad \gamma_{04} + S_{\gamma_{04}} = 0.858292,$$
$$\gamma_{05} + S_{\gamma_{05}} = 0.89402.$$

白化灰关联度上限排序: $x_3 \succ x_5 \succ x_2 \succ x_4 \succ x_1$.

(5) 灰关联序的显著性检验:

由上述 a~c 可得: $x_3 \succ x_5 \dot{\succ} x_2 \succ x_4 \succ x_1$, 即 x_5 与 x_2 之灰关联序无显著性, 其余有显著性.

(6) 讨论:

a. 由本组资料分析结果知, 若按中值白化灰关联度 γ_{0i} 排列灰联序, 结论为 $x_5 \succ x_2$. 但二者 (γ_{05} 与 γ_{02}) 之差仅为 $(0.736910 - 0.736763) = 0.000147$; 这样小样的分辨距离, 得出 $x_5 \succ x_2$ 的结论难以让人信服.

b. 经广义灰关联度扩展后, 无论上白化灰关联度, 还是下白化灰关联度, 其分辨距离均得到了扩大.

c. 根据三序经验后的灰关联度得出: $ASBP_{24h}$ 与左心室舒张功能障碍 (LVFD) 的灰关联程度最强, $ADBP_{24h}$ 和偶测收缩压 (CSBP) 与 LVFD 的灰关联程度近似, 偶测舒张压 (CDBP) 及年龄与 LVFD 的灰关联程度最弱.

d. 许多资料表明, ABP 在 EH 诊断和预后方面较 CBP 更准确可靠[238,239]; SH 是独立的心脑血管危险因素[240-246]. 本组 $ASBP_{24h}$ 与 LVFD 的强灰关联性, 可能与本组所选病例以 SBP 升高为主有关, 研究结果与大多数文献报道一致[238-246].

e. 作者以往的研究发现, 增龄不是 SH 产生 LVFD 的显著因素[247], 与本章灰分析结果一致.

本 章 小 结

(1) 首次提出了广义灰关联度的概念;
(2) 首次定义了上、下白化灰关联度及相应的上、下白化灰关联序;
(3) 首次提出了灰关联序综合检验方法;
(4) 简论了广义灰关联度及灰关联序检验的意义;
(5) 广义灰联度和灰关联序检验的概念、方法, 易于理解, 计算简便, 更能体现灰色系统 "非唯一解" 的原理, 尤其适用于中值灰关联度之间分辨距离过小的灰关联序的检验.

第七章 多层次灰关联理论与应用

按照灰性不灭原理和医学信息层次、医学认知层次无穷尽原理,本章介绍多层次灰关联的有关公理及其应用.

第一节 基本理论

定义 7.1 令 X, Y, Z 为三个分析层次,若此三者均为因子序列集,比如:

$$X = \{x_i | x_i = (x_i(1), x_i(2), \cdots, x_i(n)), i \in I\},$$
$$Y = \{y_j | y_j = (y_j(1), y_j(2), \cdots, y_j(n)), j \in J\},$$
$$Z = \{z_l | z_l = (z_l(1), z_l(2), \cdots, z_l(n)), l \in L\},$$

则称 X, Y, Z 的全体是多层次空间,当因子指标集满足

$$I = J = L$$

时,称多层次空间是对应一致的,否则为非对应一致的.

命题 7.1 令 $\gamma(x_i, y_j), \forall y_j \in Y$ 为以 x_i 为参考,在 Y 层次上的灰关联度,则其灰关联系数 $\gamma(x_i(k), y_j(k))$ 存在并满足灰关联四公理时,必有

$$\min_j \min_k |x_i(k) - y_j(k)|$$

和

$$\max_j \max_k |x_i(k) - y_j(k)|$$

作为灰关联空间比较的上环境参数和下环境参数.

证:显见.

命题 7.2 令 $\gamma(x_i, z_l), \forall z_l \in Z$ 为以 x_i 为参考,在 Y 层次上的灰关联度,则其灰关联系数 $\gamma(x_i(k), z_l(k))$ 存在并满足灰关联四公理时,必有

$$\min_l \min_k |x_i(k) - z_l(k)|$$

和

$$\max_l \max_k |x_i(k) - z_l(k)|$$

作为灰关联空间比较的上环境参数和下环境参数.

证：显见.

命题 7.3 对于 X 层与 Y 层的全体而言,其满足灰关联四公理的灰关联度构成矩阵

$$R_{XY} = \begin{bmatrix} \gamma(x_1,y_1) & \gamma(x_1,y_2) & \cdots & \gamma(x_1,y_p) \\ \gamma(x_2,y_1) & \gamma(x_2,y_2) & \cdots & \gamma(x_2,y_p) \\ \vdots & \vdots & & \vdots \\ \gamma(x_q,y_1) & \gamma(x_q,y_2) & \cdots & \gamma(x_q,y_p) \end{bmatrix},$$

当且仅当

1° 有

$$i \in I = \{1,2,\cdots,q\}, \quad j \in J = \{1,2,\cdots,p\};$$

2° 有环境参数

$$\min_i \min_j \min_k |x_i(k) - y_j(k)|, \quad \max_i \max_j \max_k |x_i(k) - y_j(k)|.$$

证：略.

命题 7.4 对于 X 层与 Z 层的全体而言,其满足灰关联四公理的灰关联度构成矩阵

$$R_{XZ} = \begin{bmatrix} \gamma(x_1,z_1) & \gamma(x_1,z_2) & \cdots & \gamma(x_1,z_s) \\ \gamma(x_2,z_1) & \gamma(x_2,z_2) & \cdots & \gamma(x_2,z_s) \\ \vdots & \vdots & & \vdots \\ \gamma(x_q,z_1) & \gamma(x_q,z_2) & \cdots & \gamma(x_q,z_s) \end{bmatrix},$$

当且仅当

1° 有

$$i \in I = \{1,2,\cdots,q\}, \quad l \in L = \{1,2,\cdots,s\};$$

2° 有环境参数

$$\min_i \min_l \min_k |x_i(k) - z_l(k)|, \quad \max_i \max_l \max_k |x_i(k) - z_l(k)|.$$

证：略.

命题 7.5 对于 X,Y 层与 Z 层的全体而言,其满足灰关联四公理的灰关联度

构成矩阵

$$R_{XYZ} = \begin{bmatrix} \gamma(x_1,y_1) & \gamma(x_1,y_2) & \cdots & \gamma(x_1,y_p) \\ \gamma(x_2,y_1) & \gamma(x_2,y_2) & \cdots & \gamma(x_2,y_p) \\ \vdots & \vdots & & \vdots \\ \gamma(x_q,y_1) & \gamma(x_q,y_2) & \cdots & \gamma(x_q,y_p) \\ \gamma(x_1,z_1) & \gamma(x_1,z_2) & \cdots & \gamma(x_1,z_s) \\ \gamma(x_2,z_1) & \gamma(x_2,z_2) & \cdots & \gamma(x_2,z_s) \\ \vdots & \vdots & & \vdots \\ \gamma(x_q,z_1) & \gamma(x_q,z_2) & \cdots & \gamma(x_q,z_s) \end{bmatrix},$$

当且仅当

1° 有

$$i \in I = \{1,2,\cdots,q\}, \quad j \in J = \{1,2,\cdots,p\}, \quad l \in L = \{1,2,\cdots,s\};$$

2° 有环境参数

$$\min_i \min_j \min_l \min_k \{|x_i(k)-y_j(k)|,|x_i(k)-z_l(k)|,|y_j(k)-z_l(k)|\}$$

和

$$\max_i \max_j \max_l \max_k \{|x_i(k)-y_j(k)|,|x_i(k)-z_l(k)|,|y_j(k)-z_l(k)|\}.$$

证：略.

定义 7.2 若以 Z 为因 Y 为果和以 Y 为因 X 为果的组合，记为 $ZQY \cup YQX \to$ 因 Q 果 $\cup$ 因 Q 果，式中 Q 为医学灰关系；若

$$\gamma(x_i,y_j), \quad \forall x_i \in X, \quad \forall y_j \in Y$$

为在 Z 层次存在的环境中，以 x_i 为参考，在 Y 层次上的灰关联度；若

$$\gamma(x_i,z_l), \quad \forall x_i \in X, \quad \forall z_l \in Z$$

为在 Y 层次存在的环境中，以 x_i 为参考，在 Z 层次上的灰关联度. 则称：

- $x_i \in X$ 为参考因子，X 为参考因子集；
- $y_j \in Y$ 为第一层次比较因子，Y 为第一层次比较因子集；
- $z_i \in Z$ 为始动比较因子，Z 为始动比较因子集.

定义 7.3 若以 Z 为因 X 为果和以 Z 为因 Y 为果的组合，记为 $ZQX \cup ZQY \to$ 因 Q 果 $\cup$ 因 Q 果，且 $YQX \to$ 因 Q 果，式中 Q 为医学灰关系；若

$$\gamma(x_i,z_l), \quad \forall x_i \in X, \quad \forall z_l \in Z$$

第一节 基本理论

为在 Y 层次存在的环境中, 以 x_i 为参考, 在 Z 层次上的灰关联度; 若

$$\gamma(y_j, z_l), \quad \forall y_j \in Y, \quad \forall z_l \in Z$$

为在 X 层次存在的环境中, 以 y_j 为参考, 在 Z 层次上的灰关联度; 若

$$\gamma(x_i, y_j), \quad \forall x_i \in X, \quad \forall y_j \in Y$$

为在 Z 层次存在的环境中, 以 x_i 为参考, 在 Y 层次上的灰关联度. 则称:
- $x_i \in X$ 为主参考因子, X 为主参考因子集;
- $y_j \in Y$ 为副参考因子, Y 为副参考因子集;
- $z_i \in Z$ 为 (始动) 比较因子, Z 为始动比较因子集.

公理 7.1 若 $\gamma(x_i, y_j)$ 为第 Y 层次比较因子在存在 Z 层次时, 对参考因子 x_i 满足灰关联四公理的灰关联度; $\gamma(x_i, z_l)$ 为存在 Y 层次时, 始动比较因子 z_l 对参考因子 x_i 的灰关联度, 其中

$$\forall y_j \in Y, \quad \forall x_i \in X, \quad \forall z_l \in Z.$$

若 $\gamma(x_i, y_j) > \gamma(x_i, z_l)$, 则称:
- y_j 为 Y 层次上的主导比较因子;
- 始动比较因子 z_l 对 y_j 具有协同性, z_l 为 y_j 的协同因子.

若 $\gamma(x_i, z_l) > \gamma(x_i, y_j)$, 则称:
始动比较因子 z_l 在 Y 层次存在的环境中, 对 x_i 的灰关联具有相对独立性.

公理 7.2 若令 $\gamma(x_i, z_l)$ 为始动比较因子 z_l 对主参考因子 x_i 满足灰关联四公理的灰关联度; $\gamma(y_j, z_l)$ 为始动比较因子 z_l 对副参考因子 y_j 的灰关联度, 其中

$$\forall z_l \in Z, \quad \forall x_i \in X, \quad \forall y_j \in Y.$$

若 $\gamma(x_i, z_l) > \gamma(y_j, z_l)$, 则称:
- x_i 为显性参考因子;
- y_j 为隐性副参考因子; 反之称 y_j 为显性副参考因子.

定义 7.4 令 $X = \{x_i | x \in I\}$, $Y = \{y_j | j \in J\}$, $Z = \{z_l | l \in L\}$ 为多层次因子集.

又令 γ 为灰关联映射, Γ 为 γ 的全体, 则称 $(X \cup Y \cup Z, \Gamma)$ 为多层次灰关联空间, 当且仅当 γ 满足灰关联四公理.

同理, 可引出 $N(N>3)$ 层次灰关联空间的公理体系 (略).

第二节 应用实例

下面介绍 EH 患者内分泌层次、血压层次与心脏层次的灰关联研究.

例 7.1 某医科大学附属医院住院的 EH 患者 6 例,年龄 46~74 岁,均为男性患者,2 周内未用抗高血压药和影响心功能药物,未用利尿剂,排除其他心血管疾病和其他系统疾患,血浆血管紧张素Ⅱ (AⅡ) 在正常范围. 研究方法参考例 3.1,原始资料见表 7.1.

1. 确定因子集

定义 7.5 令

$$X = \{x_i | x_i = (x_i(1), x_i(2), \cdots, x_i(6)), i \in I,$$
$$I = \{1, 2, 3, 4\} = \{\text{LAD}/A_0\text{D}, \text{LV}_{\text{W/L}}, \text{LVMI}, \text{MV}_{\text{e/a}}\}\}$$

为心脏层次因子集.

$$Y = \{y_j | y_j = (y_j(1), y_i(2), \cdots, (6)), j \in J,$$
$$J = \{1, 2, 3, 4\} = \{\text{CSBP}, \text{ASBP}, \text{CDBP}, \text{ADBP}\}\}$$

为血压层次因子集.

$$Z = \{z_l | z_l = (z_l(1), z_l(2), \cdots, z_l(6)), l \in L,$$
$$L = \{1, 2, 3, 4\} = \{\text{CANP}, \text{CA}\,\text{Ⅱ}, \text{AANP}, \text{AA}\,\text{Ⅱ}\}\}$$

为内分泌层次因子集.

$k \in K, k = 1, 2, 3, 4, 5, 6$ 为病例序号.

定义 7.6 令 Q 为灰关系,$ZQY \cup YQX \to$ 因 Q 果 $\cup$ 因 Q 果,且有 $ZQY \to$ 因 Q 果. 则此处:

$x_i \in X, i \in I$ 为灰关联参考因子;

$y_j \in Y, j \in J$ 为灰关联第一层次比较因子;

$z_l \in Z, l \in L$ 为灰关联第二层次比较因子 (始动比较因子).

定义 7.7 令 Q 为灰关系,$ZQY \cup ZQX \to$ 因 Q 果 $\cup$ 因 Q 果,且有 $ZQY \to$ 因 Q 果. 则此处:

$x_i \in X, i \in I$ 为灰关联主参考因子;

$y_j \in Y, j \in J$ 为灰关联副参考因子;

$z_l \in Z, l \in L$ 为灰关联始动比较因子.

第二节 应用实例

表 7.1 6 例 EH 患者内分泌层次、血压层次与心脏层次各因子原始数据

序号	LAD/A_0D	$LV_{W/L}$	LVMI (g/m²)	$MV_{e/a}$	CSBP (mmHg)	ASBP (mmHg)	CDBP (mmHg)	ADBP (mmHg)	CANP (ng/ml)	CAII (pg/ml)	AANP (ng/ml)	AAII (pg/ml)
1	1.08	0.64	166.47	0.47	190.40	161.60	90	78.00	106	69	173.83	48.67
2	0.77	0.58	88.17	0.54	160.65	150.00	83	92.00	114	64	141.67	58.17
3	1.19	0.55	77.58	0.95	178.50	137.40	92	78.60	141	92	133.83	68.67
4	1.09	0.57	122.10	0.93	170.17	134.80	90	83.60	100	72	123.83	60.67
5	1.15	0.77	132.62	0.75	190.40	161.60	105	100.30	118	49	161.00	41.50
6	0.99	0.76	255.10	0.55	243.00	207.61	120	117.93	80	75	133.50	63.17

注：LAD/A_0D＝左心房内径/主动脉内径比值，$LV_{W/L}$＝左心室舒末横径/长径比值，LVMI＝左心室重量指数，$MV_{e/a}$＝二尖瓣充盈血流频谱 e/a 比值，CSBP＝偶测收缩压，ASBP＝24 小时动态收缩压，CDBP＝偶测舒张压，ADBP＝24 小时动态舒张压，CANP＝血浆心房钠尿肽偶测值，CAII＝血浆血管紧张素Ⅱ偶测值，AANP＝血浆心房钠尿肽 24 小时平均值，AAII＝血浆血管紧张素Ⅱ24 小时平均值.

2. 原始数据的无量纲化（区间化）

结果见表 7.2.

表 7.2 多层次因子无量纲化值

k	x_1	x_2	x_3	x_4	y_1	y_2	y_3	y_4	z_1	z_2	z_3	z_4
1	0.73810	0.40909	0.50073	0.00000	0.36126	0.36808	0.18919	0.00000	0.42623	0.46512	1.00000	0.26389
2	0.00000	0.13636	0.05966	0.14538	0.00000	0.20876	0.00000	0.35897	0.55738	0.34884	0.35680	0.61354
3	1.00000	0.00000	0.00000	1.00000	0.21676	0.03571	0.24324	0.01538	1.00000	1.00000	0.20000	1.00000
4	0.76190	0.09091	0.25079	0.95833	0.11560	0.00000	0.18919	0.14759	0.32787	0.53488	0.00000	0.70556
5	0.90476	1.00000	0.31005	0.58333	0.36126	0.36808	0.59459	0.57179	0.62295	0.00000	0.74340	0.00000
6	0.52381	0.95455	1.00000	0.16667	1.00000	1.00000	1.00000	1.00000	0.00000	0.60465	0.19340	0.79757

3. 求多层次差序列

结果见表 7.3~表 7.5.

表 7.3 $|x_i(k) - z_l(k)|$ 结果

i	k	l			
		1	2	3	4
1	1	0.31187	0.27298	0.26190	0.47421
	2	0.55738	0.34884	0.35680	0.61354
	3	0.00000	0.00000	0.80000	0.00000
	4	0.43403	0.22702	0.76190	0.05634
	5	0.28181	0.90476	0.16136	0.90476
	6	0.52381	0.08084	0.33041	0.27376
2	1	0.01714	0.05603	0.59091	0.14520
	2	0.42102	0.21248	0.22044	0.47718
	3	1.00000	1.0000	0.20000	1.00000
	4	0.23696	0.44397	0.09091	0.61465
	5	0.37705	1.00000	0.25660	1.00000
	6	0.95455	0.34990	0.76115	0.15698
3	1	0.07450	0.03561	0.49927	0.23684
	2	0.49772	0.28918	0.29714	0.55388
	3	1.00000	1.00000	0.20000	1.00000
	4	0.07708	0.28409	0.25079	0.45477
	5	0.31290	0.31005	0.43335	0.31005
	6	1.00000	0.39535	0.80660	0.20243
4	1	0.42623	0.46512	1.00000	0.26389
	2	0.41155	0.20301	0.21097	0.46771
	3	0.00000	0.00000	0.80000	0.00000
	4	0.63046	0.42345	0.95833	0.25277
	5	0.03962	0.58333	0.16007	0.58333
	6	0.16667	0.43798	0.20673	0.63090

第二节 应用实例

表 7.4 $|y_j(k) - z_l(k)|$ 结果

j	k	l			
		1	2	3	4
1	1	0.06497	0.10386	0.53680	0.61354
	2	0.55738	0.34884	0.53680	0.61354
	3	0.78324	0.78324	0.01676	0.78324
	4	0.21227	0.41928	0.11560	0.58996
	5	0.26169	0.36126	0.38214	0.36126
	6	1.00000	0.39535	0.80660	0.20243
2	1	0.05815	0.09704	0.63192	0.10419
	2	0.34862	0.14008	0.14804	0.40478
	3	0.96429	0.96429	0.16429	0.96429
	4	0.32787	0.53488	0.00000	0.70556
	5	0.25487	036808	0.37532	0.36808
	6	1.00000	0.39535	0.80660	0.20243
3	1	0.23704	0.27593	0.81081	0.07470
	2	0.55738	0.34884	0.35680	0.61354
	3	0.75676	0.75676	0.04324	0.75676
	4	0.13868	0.34569	0.18919	0.51637
	5	0.02836	0.59459	0.14881	0.59459
	6	1.00000	0.39535	0.80660	0.20243
4	1	0.42623	0.46512	1.0000	0.26389
	2	0.19841	0.01013	0.00217	0.25457
	3	0.98462	0.98462	0.18462	0.98462
	4	0.18428	0.39129	0.14359	0.56197
	5	0.05116	0.57179	0.17161	0.57179
	6	1.00000	0.41920	0.83045	0.22628

表 7.5 $|x_i(k) - y_j(k)|$ 结果

i	k	j			
		1	2	3	4
1	1	0.37684	0.37002	0.54891	0.73810
	2	0.00000	0.20876	0.0000	0.35897
	3	0.78324	0.96429	0.75676	0.98462
	4	0.64630	0.76190	0.57271	0.61831
	5	0.54350	0.53668	0.31017	0.33297
	6	0.47619	0.47619	0.47619	0.50004

续表

i	k	j			
		1	2	3	4
2	1	0.04783	0.04101	0.21990	0.04909
	2	0.13636	0.07240	0.13636	0.22261
	3	0.21676	0.03571	0.24324	0.01538
	4	0.02469	0.09091	0.09828	0.05268
	5	0.63874	0.63129	0.40541	0.42821
	6	0.04545	0.04545	0.04545	0.06930
3	1	0.13947	0.13265	0.31154	0.50073
	2	0.05966	0.14910	0.05966	0.29931
	3	0.21676	0.03571	0.24324	0.01538
	4	0.13519	0.25079	0.06160	0.10720
	5	0.05121	0.05803	0.28454	0.26174
	6	0.00000	0.00000	0.00000	0.02385
4	1	0.36126	0.36808	0.18919	0.00000
	2	0.14583	0.06293	0.14583	0.21314
	3	0.78324	0.96429	0.75676	0.98462
	4	0.84273	0.95833	0.76914	0.81474
	5	0.22207	0.21525	0.01126	0.01154
	6	0.83333	0.83333	0.83333	0.85718

4. 求多层次灰关联环境参数

由表 7.3~表 7.5 可求得如下环境参数：

$$\min_i \min_l \min_k |x_i(k) - z_l(k)| = 0,$$

$$\max_i \max_l \max_k |x_i(k) - z_l(k)| = 1;$$

$$\min_j \min_l \min_k |y_j(k) - z_l(k)| = 0,$$

$$\max_j \max_l \max_k |y_j(k) - z_l(k)| = 1;$$

$$\min_i \min_j \min_k |x_i(k) - y_j(k)| = 0,$$

$$\max_i \max_j \max_k |x_i(k) - y_j(k)| = 0.98462;$$

$$\min_i \min_j \min_l \min_k \{|x_i(k) - z_l(k)|, |y_j(k) - z_l(k)|, |x_i(k) - y_j(k)|\} = 0,$$

$$\max_i \max_j \max_l \max_k \{|x_i(k) - z_l(k)|, |y_j(k) - z_l(k)|, |x_i(k) - y_j(k)|\} = 1.$$

第二节 应用实例

5. 求多层次灰关联系数

取 $\zeta=0.5$，求得多层次灰关联系数.

(1) 考虑存在 X, Y, Z 三层次环境，则

a. 环境参数取：

$$\min_i \min_j \min_l \min_k \{|x_i(k)-z_l(k)|, |y_j(k)-z_l(k)|, |x_i(k)-y_j(k)|\} = 0,$$

$$\max_i \max_j \max_l \max_k \{|x_i(k)-z_l(k)|, |y_j(k)-z_l(k)|, |x_i(k)-y_j(k)|\} = 1.$$

b. $y_j(k)$ 对 $x_i(k)$ 的灰关联系数结果，见表 7.6.

表 7.6 X, Y, Z 三层次环境中，$y_j(k)$ 对 $x_i(k)$ 的灰关联系数

i	k	j			
		1	2	3	4
1	1	0.57023	0.57470	0.47669	0.40384
	2	1.00000	0.70546	1.00000	0.58209
	3	0.38964	0.34146	0.39785	0.33679
	4	0.43619	0.39623	0.46611	0.44710
	5	0.47916	0.48231	0.61715	0.66026
	6	0.51220	0.51220	0.51220	0.49998
2	1	0.91269	0.92420	0.69454	0.55000
	2	0.78572	0.87352	0.78572	0.69194
	3	0.69758	0.93334	0.67273	0.97016
	4	0.95294	0.84615	0.83573	0.90468
	5	0.43908	0.44173	0.55224	0.53867
	6	0.91667	0.91667	0.91667	0.87827
3	1	0.78190	0.79033	0.61611	0.49964
	2	0.89340	0.77030	0.89340	0.62554
	3	0.69758	0.93334	0.67273	0.97016
	4	0.78717	0.66597	0.89031	0.82345
	5	0.90710	0.89601	0.63732	0.65639
	6	1.00000	1.00000	1.00000	0.95447
4	1	0.58054	0.57598	0.72549	1.00000
	2	0.77420	0.88821	0.77420	0.70112
	3	0.38964	0.34146	0.39785	0.33679
	4	0.37238	0.34286	0.39397	0.38030
	5	0.69245	0.69906	0.97798	0.97744
	6	0.37500	0.37500	0.37500	0.36841

c. $z_l(k)$ 对 $x_i(k)$ 的灰关联系数结果，见表 7.7.

表 7.7　X, Y, Z 三层次环境中，$z_l(k)$ 对 $x_i(k)$ 的灰关联系数

i	k	l			
		1	2	3	4
1	1	0.61586	0.64685	0.65625	0.51324
	2	0.47287	0.58904	0.58357	0.44902
	3	1.00000	1.00000	0.38462	1.00000
	4	0.53531	0.68774	0.39623	0.89873
	5	0.63954	0.35593	0.75602	0.35593
	6	0.48837	0.86082	0.60211	0.64620
2	1	0.96686	0.89923	0.45833	0.77495
	2	0.54288	0.70177	0.69402	0.51168
	3	0.33333	0.33333	0.71429	0.33333
	4	0.67846	0.52968	0.84615	0.44857
	5	0.57009	0.33333	0.66085	0.33333
	6	0.34375	0.58830	0.39646	0.76106
3	1	0.87032	0.93352	0.50037	0.67857
	2	0.50114	0.63357	0.62724	0.47444
	3	0.33333	0.33333	0.71429	0.33333
	4	0.86643	0.63768	0.66597	0.52369
	5	0.61508	0.61725	0.53570	0.61725
	6	0.33333	0.55844	0.38267	0.71181
4	1	0.53982	0.51807	0.33333	0.65454
	2	0.54852	0.71123	0.70326	0.51668
	3	1.00000	1.00000	0.38462	1.00000
	4	0.44230	0.54145	0.34286	0.66421
	5	0.92658	0.46154	0.75750	0.46154
	6	0.75000	0.53306	0.94925	0.44213

(2) 考虑存在 X, Y 二层次环境，则

a. 环境参数取：
$$\min_i \min_j \min_k |x_i(k) - y_j(k)| = 0,$$
$$\max_i \max_j \max_k |x_i(k) - y_j(k)| = 0.98462.$$

b. $y_j(k)$ 对 $x_i(k)$ 的灰关联系数结果，见表 7.8.

表 7.8　X, Y 二层次环境中，$y_j(k)$ 对 $x_i(k)$ 的灰关联系数

i	k	j			
		1	2	3	4
1	1	0.56643	0.57091	0.47282	0.40012
	2	1.00000	0.70223	1.00000	0.57832
	3	0.38596	0.33799	0.39414	0.33333
	4	0.43238	0.39253	0.46225	0.44327
	5	0.47529	0.47844	0.61349	0.59654
	6	0.50832	0.50832	0.50832	0.49611

第二节 应用实例

续表

i	k	j			
		1	2	3	4
2	1	0.91145	0.92310	0.69124	0.54616
	2	0.78310	0.87179	0.78310	0.68862
	3	0.69430	0.93237	0.66931	0.96971
	4	0.95224	0.84412	0.88359	0.90334
	5	0.43527	0.43791	0.54840	0.53482
	6	0.91548	0.91548	0.91548	0.87660
3	1	0.79924	0.78775	0.61244	0.49576
	2	0.89191	0.76754	0.89191	0.62190
	3	0.69430	0.93237	0.66931	0.96971
	4	0.78456	0.66251	0.88879	0.82119
	5	0.90578	0.89456	0.63373	0.65289
	6	1.00000	1.00000	1.00000	0.95379
4	1	0.57677	0.57219	0.72239	1.00000
	2	0.77148	0.88666	0.77148	0.69787
	3	0.38596	0.33799	0.39414	0.33333
	4	0.36876	0.33937	0.39027	0.37666
	5	0.68914	0.69579	0.97764	0.97710
	6	0.37138	0.37138	0.37138	0.36481

(3) 考虑存在 X, Z 二层次环境,则

a. 环境参数取:

$$\min_i \min_l \min_k |x_i(k) - z_l(k)| = 0,$$

$$\max_i \max_l \max_k |x_i(k) - z_l(k)| = 1.$$

b. $z_l(k)$ 对 $x_i(k)$ 的灰关联系数结果,见表 7.9.

表 7.9 $z_l(k)$ 对 $x_i(k)$ 的灰关联系数

i	k	l			
		1	2	3	4
1	1	0.61586	0.64685	0.65625	0.51324
	2	0.47287	0.58904	0.58357	0.44902
	3	1.00000	1.00000	0.38462	1.0000
	4	0.53531	0.68774	0.39623	0.89873
	5	0.63954	0.35593	0.75602	0.35593
	6	0.48837	0.86082	0.60211	0.64620
2	1	0.96686	0.89923	0.45833	0.77495
	2	0.54288	0.70177	0.69402	0.51168
	3	0.33333	0.33333	0.71429	0.33333
	4	0.67846	0.52968	0.84615	0.44857
	5	0.57009	0.33333	0.66085	0.33333
	6	0.34375	0.58830	0.39646	076106

续表

i	k	l			
		1	2	3	4
3	1	0.87032	0.93352	0.50037	0.68757
	2	0.50114	0.63357	0.62724	0.47444
	3	0.33333	0.33333	0.71429	0.33333
	4	0.86643	0.63768	0.66597	0.52369
	5	0.61508	0.61725	0.53570	0.61725
	6	0.33333	0.55844	0.38267	0.71181
4	1	0.53982	0.51807	0.33333	0.65454
	2	0.54852	0.71123	0.70326	0.51668
	3	1.00000	1.00000	0.38462	1.0000
	4	0.44230	0.54145	0.34286	0.66421
	5	0.92658	0.46154	0.75750	0.46154
	6	0.75000	0.53306	0.94925	0.44213

(4) 考虑存在 Y, Z 二层次环境，则

a. 环境参数取：

$$\min_j \min_l \min_k |y_j(k) - z_l(k)| = 0,$$

$$\max_j \max_l \max_k |y_j(k) - z_l(k)| = 1.$$

b. $z_l(k)$ 对 $y_j(k)$ 的灰关联系数结果，见表 7.10。

表 7.10　$z_l(k)$ 对 $y_j(k)$ 的灰关联系数

j	k	l			
		1	2	3	4
1	1	0.88500	0.82801	0.43908	0.83700
	2	0.42787	0.58904	0.58357	0.44902
	3	0.38964	0.38964	0.96757	0.38964
	4	0.70198	0.54390	0.81222	0.45873
	5	0.65644	0.58054	0.56680	0.58054
	6	0.33333	0.55844	0.38267	0.71181
2	1	0.89582	0.83746	0.44173	0.82755
	2	0.58919	0.78115	0.77156	0.55262
	3	0.34146	0.34146	0.75268	0.34146
	4	0.60396	0.48315	1.00000	0.41475
	5	0.66237	0.57598	0.57122	0.57598
	6	0.33333	0.55844	0.38267	0.71181
3	1	0.67839	0.64439	0.38144	0.87002
	2	0.47287	0.58904	0.58357	0.44902
	3	0.39785	0.39785	0.92040	0.39785
	4	0.78286	0.59123	0.72549	0.49195
	5	0.94632	0.45679	0.77064	0.45679
	6	0.33333	0.55844	0.38267	0.71181

第二节 应用实例

续表

j	k	l			
		1	2	3	4
4	1	0.53982	0.51807	0.33333	0.65454
	2	0.71591	0.98014	0.95568	0.66263
	3	1.33679	0.33679	0.73033	0.33679
	4	0.73070	0.56098	0.77689	0.47082
	5	0.90718	0.46651	0.74448	0.46651
	6	0.32812	0.54395	0.37581	0.68844

6. 求多层次灰关联度矩阵

(1) X, Y, Z 三层次灰关联度矩阵 (由表 7.6 和表 7.7 求得):

a. $ZQY \cup YQX \to$ 因 Q 果 $\cup$ 因 Q 果灰关联度矩阵为

$$R_{XYZ} = \begin{array}{c} \\ x_1 \\ x_2 \\ x_3 \\ x_4 \end{array} \begin{bmatrix} y_1 & y_2 & y_3 & y_4 & z_1 & z_2 & z_3 & z_4 \\ 0.56457 & 0.50206 & 0.57833 & 0.47834 & 0.62533 & 0.69006 & 0.56313 & 0.64385 \\ 0.78411 & 0.82260 & 0.74294 & 0.75562 & 0.57256 & 0.56427 & 0.62835 & 0.52715 \\ 0.84453 & 0.84266 & 0.78498 & 0.75494 & 0.58661 & 0.61897 & 0.57104 & 0.55652 \\ 0.53070 & 0.53710 & 0.60742 & 0.62738 & 0.70120 & 0.62756 & 0.57847 & 0.62318 \end{bmatrix}$$

b. $ZQY \cup ZQX \to$ 因 Q 果 $\cup$ 因 Q 果灰关联度矩阵为

$$R_{YXZ} = \begin{array}{c} y_1 \\ y_2 \\ y_3 \\ y_4 \\ x_1 \\ x_2 \\ x_3 \\ x_4 \end{array} \begin{bmatrix} z_1 & z_2 & z_3 & z_4 \\ 0.625325 & 0.690063 & 0.563133 & 0.643353 \\ 0.572562 & 0.564273 & 0.628350 & 0.527153 \\ 0.586605 & 0.618965 & 0.571040 & 0.556515 \\ 0.701203 & 0.627558 & 0.578470 & 0.623183 \\ 0.573210 & 0.581595 & 0.625318 & 0.571123 \\ 0.571022 & 0.596273 & 0.653310 & 0.570695 \\ 0.601937 & 0.539623 & 0.627368 & 0.562907 \\ 0.593087 & 0.567740 & 0.659420 & 0.546622 \end{bmatrix}$$

(2) $YQX \to$ 因 Q 果二层次灰关联度矩阵为

$$R_{XY} = \begin{array}{c} x_1 \\ x_2 \\ x_3 \\ x_4 \end{array} \begin{bmatrix} y_1 & y_2 & y_3 & y_4 \\ 0.561397 & 0.498403 & 0.575170 & 0.474615 \\ 0.781973 & 0.820795 & 0.740187 & 0.753208 \\ 0.842632 & 0.840788 & 0.752540 & 0.782697 \\ 0.527248 & 0.533897 & 0.604550 & 0.624962 \end{bmatrix}$$

7. 结果讨论

(1) 由矩阵 R_{XYZ} 可见, 内分泌层次各因子 ($z_l \in Z, l \in L, L = \{1,2,3,4\}$ = {CANP, CAⅡ, AANP, AAⅡ}) 与心脏层次的 $x_1 = $ LAD/A$_0$D 及 $x_4 = $ MV$_{e/a}$ ($x_1, x_4 \in X$) 的灰关联度大部分大于血压层次各因子 ($y_j \in Y, j \in J, J =$ {CSBP, ASBP, CDBP, ADBP}) 与 x_1=LAD/A$_0$D 及 x_4=MV$_{e/a}$ 的灰关联度, 故认为, 考虑存在血压层次的影响, 内分泌层次各因子与 LAD/A$_0$D 及 MV$_{e/a}$ 的灰关联性具有相对独立性.

专业解释: ① 文献报道, 左心房扩大是 ANP 分泌的刺激因素[222,248,249]; ② 高血压患者的左心房扩大及左心室充盈功能异常在高血压的早期即已出现[250-256]; ③ CANP 及 AANP 与 LAD/A$_0$D 及 MV$_{e/a}$ 相对独立的灰关联性, 进一步提示了高血压患者左心房结构改变、左心室充盈功能改变与 ANP 的内在关系[248-256]; ④ AⅡ 是血压升高与维持的因素. 文献报道, AⅡ 存在对心肌细胞的直接影响作用[257-259].

本组结果支持 AⅡ 在高血压患者中对心脏作用具有相对独立性的观点.

(2) 由矩阵 R_{XYZ} 可见, 内分泌层次各因子与 x_2=LV$_{W/L}$ 及 x_3=LVMI ($x_2, x_3 \in X$) 的灰关联度较血压层次各因子与 LV$_{W/L}$ 及 LVMI 的灰关联度小, 故认为, 若考虑存在血压层次的影响, 内分泌层次各因子对 LV$_{W/L}$ 及 LVMI 仅是血压层次各因子的协同性灰关联因子.

专业解释: ① 血压升高是左心室肥厚、扩张的独立危险因素[177-179,247], 研究成果证明, 尤其 SBP 是对左心室肥厚独立的危险因子[260]. ② AⅡ 及 ANP 对血压的调节作用, 已有明确的研究结论; AⅡ 对心肌细胞的刺激作用和 ANP 对心肌细胞的保护作用, 较之心室肌对血压升高的应力性改变可能要弱得多[139]. ③ AⅡ 及 ANP 对左心室肌的影响可能部分通过对血压的调节而发挥. ④ 本组结果与大部分临床研究结果吻合[247-259].

(3) 由矩阵 R_{XYZ} 可见, 若考虑存在内分泌层次, 血压层次各因子与 LV$_{W/L}$ 及 LVMI 的灰关联度较大, 故为显性比较因子; 若考虑存在血压层次, 内分泌层次各因子与 LAD/A$_0$D 及 MV$_{e/a}$ 的灰关联度较大, 故为主导始动比较因子. 专业解释参见 (1) 和 (2).

(4) 由矩阵 R_{XYZ} 可见, 内分泌层次各因子与 LAD/A$_0$D 及 MV$_{e/a}$ 的灰关联度大部分较与血压层次各因子的灰关联度大, 故认为, 在考虑存在血压层次时, 内分泌因子是 LAD/A$_0$D 及 MV$_{e/a}$ 的主导影响因子. 专业解释参见 (1).

(5) 矩阵 R_{XY} 结合矩阵 R_{XYZ}(左半) 可见, LV$_{W/L}$ 及 LVMI 是与血压层次各因子灰关联的优势主参考因子; CSBP 及 ASBP 与 LV$_{W/L}$ 及 LVMI 的灰关联性较 CDBP 及 ADBP 强; CDBP 及 ADBP 与 MV$_{e/a}$ 的灰关联性较 CSBP 及 ASBP 强; 与大部分有关医学研究文献结论一致[239-246].

(6) 由矩阵 R_{XYZ}(右半) 与矩阵 R_{YXZ}(上半) 可得出 CANP 与 CAⅡ 是 LAD/A_0D 及 $MV_{e/a}$ 的优势灰关联因子的结论. 其机制可能是: 左心房壁相对左心室壁明显为薄, 故左心房内径对血压的应力性和应时性改变会较左心室强; 而左心房扩大是 ANP 分泌的刺激因素, 但 ANP 在体内的半衰期非常短, 仅为 1~2min, 故与 CANP 较 AANP 的灰关联性强. CAⅡ 较 AAⅡ 与 LAD/A_0D 及 $MV_{e/a}$ 的灰关联性强, 可能与 AⅡ 对血压的作用, 间接导致左心房结构及左心室充盈功能的应时性变化有关.

(7) 由矩阵 R_{YXZ}(下半) 可得出, AANP 是血压层次各副参考因子的优势灰关联因子的结论. 当不考虑心脏层次存在时, ANP 与血压的灰关联性存在并行变化. 这一结果支持 ANP 是高血压拮抗因子的观点[250-253].

(8) 本组 6 例小样本 EH 的多层次灰关联研究, 与多数临床研究取得了一致的结果.

本 章 小 结

本章是关于多层次灰关联的理论与医学应用的内容:
(1) 提出了多层次灰关联分析公理性体系;
(2) 定义了多层次灰关联的主参考因子、副参考因子、层次比较因子、主导比较因子、显性副参考因子与隐性副参考因子、协同因子等;
(3) 定义了多层次灰关联空间;
(4) 定义了多层次灰关联度矩阵;
(5) 对高血压患者内分泌层次、血压层次、心脏层次的多层次医学灰关联分析得出了: ① 内分泌因子与 LAD/A_0D 及 $MV_{e/a}$ 的灰关联性具有相对独立性; ② 与 $LV_{W/L}$ 及 LVMI 的灰关系中, 内分泌因子仅是血压层次各因子的协同因子; ③ 与 $LV_{W/L}$ 及 LVMI 的灰关系中, 血压层因子作用明显; 与 LAD/A_0D 及 $MV_{e/a}$ 的灰关系中, 内分泌层因子起主导作用; ④ CSBP 及 ASBP 与 $LV_{W/L}$ 及 $MV_{e/a}$ 的灰关联性较 CDBP 及 ADBP 强; CDBP 及 ADBP 与 $MV_{e/a}$ 的灰关联性较 CSBP 及 ASBP 强; ⑤ CANP 与 CAⅡ 是内分泌因子中 LAD/A_0D 及 $MV_{e/a}$ 的优势灰关联因子等结论, 与大多数临床研究结论一致, 并获得了圆满的专业解释.

第八章　灰关联分析在临床试验中的应用

现行临床试验的方法主要有[261-268]:
- 双盲安慰剂对照试验 (double-blind, placebo controlled trial);
- 单盲安慰剂对照试验 (single-blind, placebo controlled trial);
- 开放随机临床试验 (open randomized trial);
- 回顾性综合分析 (荟萃分析, meta-analysis) 等.

前两种以安慰剂作为治疗组的对照, "在某些情况下会造成延误患者的治疗, 甚至增加不必要的死亡[269]".

临床试验均要求大样本量, 否则, 要显示统计学上的差别就会受到限制. 同时, 回顾性研究的可靠性较差[264-267].

此外, 尚无评价个体化治疗 (individual management) 效果的临床试验方法.

基于以上情况, 本章试图应用灰关联理论探讨临床试验的模式, 以期解决不设对照组和小样本临床试验资料的分析与结果判断问题, 并希望能对个体化治疗效果进行评价.

第 一 节　临床试验的灰关联评估

一、基本模式

定义 8.1　令 X 为规定的参考效果指标序列集, $x_i \in X$ 为规定的参考效果指标序列, $i \in I, I = \{1, 2, \cdots, e\}$ 为效果级 (如: 显效、有效、效差、无效等). $x_i = (x_i(1), x_i(2), \cdots, x_i(n))$, $k \in K, K = \{1, 2, \cdots, n\}$ 为观察指标.

又令 Y 为受试对象观察效果指标序列集, $y_j \in Y$ 为第 j 个受试对象的观察效果指标序列; $j \in J, J = \{1, 2, \cdots, m\}$ 为受试对象数; $y_i = (y_i(1), y_i(2), \cdots, y_i(n))$, $k \in K, K = \{1, 2, \cdots, n\}$ 为观察指标.

若 $x_i \in X, i \in I$ 为规定的指标阈值序列集, 序列 x_i 中的元素值均为定值, 则称: $\gamma(x_i, y_i)$ 为临床试验的效果阈值灰关联度, γ 为灰关联映射; 当且仅当 γ 满足灰关联四公理.

定理 8.1　满足灰关联四公理的效果阈值灰关联系数必具有环境参数

$$\min_i \min_k |x_i(k) - y_j(k)|$$

第一节 临床试验的灰关联评估

和

$$\max_i \max_k |x_i(k) - y_j(k)|.$$

证：略.

定理 8.2 满足灰关联四公理的第 j 例受试者在参考效果级 i 上, $i \in I$ 的第 k 个指标的效果阈值灰关联系数为

$$\gamma(x_i(k), y_j(k)) = \frac{\min\limits_i \min\limits_k |x_i(k) - y_j(k)| + \xi \max\limits_i \max\limits_k |x_i(k) - y_j(k)|}{|x_i(k) - y_j(k)| + \xi \max\limits_i \max\limits_k |x_i(k) - y_j(k)|}.$$

证：略.

定理 8.3 满足灰关联四公理的第 j 例受试对象在效果级 i 上, $i \in I$ 的效果阈值灰关联度为

$$\gamma(x_i, y_i) = \frac{1}{n} \sum_{k=1}^{n} \gamma(x_i(k), y_j(k)),$$

称之为效果阈值个体评估灰关联度.

证：略.

推论 8.1 若有一组 m 例受试对象，则在效果级 i 上, $i \in I$ 的临床试验效果阈值成组评估灰关联度为

$$\gamma(x_i, y) = \frac{1}{n \cdot m} \sum_{j=1}^{m} \sum_{k=1}^{n} \gamma(x_i(k), y_j(k)).$$

证：略.

定义 8.2 令 $x_i \in X$ 为阈值参考效果指标序列集，$y_i \in Y$ 为受试对象观察效果指标序列集，γ 为灰关联映射，Γ 为 γ 的全体，则称

$$(X \cup Y, \Gamma)$$

为临床试验效果阈值评估灰关联空间.

定义 8.3 若对应于观察效果指标列 $y_j, y_j \in Y$，有参考效果指标列 $x_{ij}, x_{ij} \in x_i, x_i \in X$，则称 x_{ij} 为应变参考效果指标列，称 $\gamma(x_{ij}, y_j)$ 为应变参考效果灰关联度，γ 为灰关联映射，当且仅当 γ 满足灰关联四公理.

定理 8.4 满足灰关联四公理的应变效果灰关联系数 $\gamma(x_{ij}(k), y_j(k))$ 必具有环境参数：

$$\min_i \min_j \min_k |x_{ij}(k) - y_i(k)|$$

和
$$\max_i \max_j \max_k |x_{ij}(k) - y_i(k)|.$$

证：略．

定理 8.5 满足灰关联四公理的第 j 例受试对象，在应变参考效果级 i 上，$i \in I$ 的应变效果灰关联系数为

$$\gamma(x_{ij}(k), y_j(k)) = \frac{\min\limits_i \min\limits_j \min\limits_k |x_{ij}(k) - y_j(k)| + \xi \max\limits_i \max\limits_j \max\limits_k |x_{ij}(k) - y_j(k)|}{|x_{ij}(k) - y_j(k)| + \xi \max\limits_i \max\limits_j \max\limits_k |x_{ij}(k) - y_j(k)|}.$$

证：略．

定理 8.6 满足灰关联四公理的第 j 例受试对象，在应变参考效果级 i 上，$i \in I$ 的灰关联度为

$$\gamma(x_{ij}, y_j) = \frac{1}{n} \sum_{k=1}^{n} \gamma(x_{ij}(k), y_j(k)),$$

称之为应变效果个体评估灰关联度．

推论 8.2 若有一组 m 例受试对象，则在对应的应变参考效果级 i 上，$i \in I$，临床试验应变效果成组评估灰关联度为

$$\gamma(x_i, y) = \frac{1}{m \cdot n} \sum_{j=1}^{m} \sum_{k=1}^{n} \gamma(x_{ij}(k), y_j(k)).$$

证：略．

定义 8.4 令 $x_{ij} \in x_i, x_i \in X$ 为应变参考效果指标序列，$y_j \in Y$ 为观察效果指标序列，γ 为灰关联映射，Γ 为 γ 的全体，则称

$$(X \cup Y, \Gamma)$$

为临床试验应变效果灰关联评估空间．

推论 8.3 对于效果阈值灰关联评估空间，若对指标 k 进行效果评估，可按效果阈值指标灰关联度

$$\gamma_k = \frac{1}{e \cdot m} \sum_{i=1}^{e} \sum_{j=1}^{m} \gamma(x_i(k), y_j(k))$$

进行．

证：略．

第一节 临床试验的灰关联评估

推论 8.4 对于应变效果灰关联评估空间,若对指标 k 进行效果评估,可有应变效果指标灰关联度为

$$\gamma_k = \frac{1}{e \cdot m} \sum_{i=1}^{e} \sum_{j=1}^{m} \gamma(x_{ij}(k), y_j(k)).$$

证:略.

命题 8.1 在效果阈值灰关联评估空间,若 γ 满足灰关联四公理,则必有下述效果阈值个体评估灰关联矩阵为

$$R_{XY} = \begin{bmatrix} \gamma(x_1, y_1) & \gamma(x_2, y_1) & \cdots & \gamma(x_e, y_1) \\ \gamma(x_1, y_2) & \gamma(x_2, y_2) & \cdots & \gamma(x_e, y_2) \\ \vdots & \vdots & & \vdots \\ \gamma(x_1, y_m) & \gamma(x_2, y_m) & \cdots & \gamma(x_e, y_m) \end{bmatrix},$$

其上、下环境参数分别为

$$\max_i \max_k |x_i(k) - y_j(k)|$$

和

$$\min_i \min_k |x_i(k) - y_j(k)|.$$

证:略.

命题 8.2 在应变效果灰关联评估空间,若 γ 满足灰关联四公理,则必有下述应变效果个体评估灰关联矩阵

$$R_{XY} = \begin{bmatrix} \gamma(x_{11}, y_1) & \gamma(x_{21}, y_1) & \cdots & \gamma(x_{e1}, y_1) \\ \gamma(x_{12}, y_2) & \gamma(x_{22}, y_2) & \cdots & \gamma(x_{e2}, y_2) \\ \vdots & \vdots & & \vdots \\ \gamma(x_{1m}, y_m) & \gamma(x_{2m}, y_m) & \cdots & \gamma(x_{em}, y_m) \end{bmatrix},$$

其上、下环境参数分别为

$$\max_i \max_j \max_k |x_{ij}(k) - y_j(k)|$$

和

$$\min_i \min_j \min_k |x_{ij}(k) - y_j(k)|.$$

证:略.

附注 8.1 对上述矩阵作列的综合求均数,为成组评估灰关联度.

二、试验步骤设计

(1) 选定试验药物、受试对象;
(2) 拟定观察指标;
(3) 规定效果级,划定参考效果级阈值或参考效果级应变准则;
(4) 临床试验及其资料收集;
(5) 进行灰关联分析及评估.

三、临床试验的灰关联评估

例 8.1 拟对某降压药物进行临床试验:

(1) 选定 4 例受试对象;
(2) 拟观察该药物对 $k = 1, 2, 3 =$ SBP, DBP, LVMI 三个指标的效果;
(3) 规定有 $i = 1, 2, 3, 4 =$ 显效, 有效, 效差, 无效 4 个效果级;
(4) 参考效果应变准则为[270]:

显效: SBP 降低基础值的 25%, DBP 降低基础值的 20%, LVMI 降低基础值的 10%;

有效: SBP 降低基础值的 18%, DBP 降低基础值的 15%, LVMI 降低基础值的 8%;

效差: SBP 降低基础值的 15%, DBP 降低基础值的 10%, LVMI 降低基础值的 5%;

无效: SBP 降低基础值的 8%, DBP 降低基础值的 5%, LVMI 降低基础值的 2%.

(5) 进行临床试验,并收集试验资料,见表 8.1.

表 8.1 某假定降压药物临床试验资料

j	SBP* (1)		DBP* (2)		LVMI** (3)	
	试验前	试验后	试验前	试验后	试验前	试验后
1	180	137	120	98	146	133.8
2	210	162	120	97	158	141.0
3	170	131	110	91	150	137.0
4	165	140	100	82	142	140.0

* 单位为 mmHg; ** 单位为 g/m².

(6) 灰关联分析评估:

a. 按参考效果应变准则,求出参考列. 结果见表 8.2.

第一节 临床试验的灰关联评估

表 8.2　应变效果参考列

i	j	k		
		1	2	3
1	1	45.00	24.0	14.60
	2	52.50	24.0	15.80
	3	42.50	22.0	15.00
	4	41.25	20.0	14.20
2	1	32.40	18.0	11.70
	2	37.80	18.0	12.60
	3	30.60	16.5	12.00
	4	29.70	15.0	11.36
3	1	27.00	12.0	7.30
	2	31.50	12.0	7.90
	3	25.50	11.0	7.50
	4	24.75	10.0	7.1
4	1	14.40	6.0	2.90
	2	16.80	6.0	3.20
	3	13.60	5.5	3.00
	4	13.20	5.0	2.84

b. 由表 8.1 求得试验效果数据列, 结果见表 8.3.

表 8.3　试验效果数据列

j	k		
	1	2	3
1	43	22	12.2
2	48	23	17.0
3	39	19	13.0
4	25	18	2.0

c. 经区间化法、求差序列, 得环境参数为

$$\min_i \min_j \min_k |x_{ij}(k) - y_j(k)| = 0.009,$$

$$\max_i \max_j \max_k |x_{ij}(k) - y_j(k)| = 1.$$

d. 求应变效果灰关联系数. 结果见表 8.4.

表 8.4 应变效果灰关联系数

i	j	k		
		1	2	3
1	1	0.901	0.833	0.722
	2	0.943	0.915	0.867
	3	0.985	0.837	0.763
	4	0.472	0.804	0.339
2	1	0.601	0.705	0.937
	2	0.544	0.655	0.621
	3	0.552	0.562	0.873
	4	0.763	0.727	0.402
3	1	0.498	0.482	0.554
	2	0.461	0.458	0.439
	3	0.465	0.423	0.531
	4	1.000	0.492	0.556
4	1	0.355	0.366	0.393
	2	0.339	0.352	0.339
	3	0.339	0.339	0.382
	4	0.553	0.372	0.899

e. 求应变效果个体评估灰关联矩阵为

$$R_{XY} = \begin{matrix} j \\ 1 \\ 2 \\ 3 \\ 4 \end{matrix} \begin{matrix} i=1 & 2 & 3 & 4 \end{matrix} \begin{bmatrix} 0.8187 & 0.7477 & 0.5113 & 0.3713 \\ 0.9083 & 0.6067 & 0.4527 & 0.3433 \\ 0.8617 & 0.6623 & 0.4730 & 0.3533 \\ 0.5383 & 0.6307 & 0.6827 & 0.6080 \end{bmatrix}.$$

f. 求应变效果成组评估灰关联度.

按公式 $\gamma(x_i, y) = \dfrac{1}{3 \times 4} \sum\limits_{j=1}^{4} \sum\limits_{k=1}^{3} \gamma(x_{ij}(k), y_j(k))$ 求得

$$\gamma(x_1, y) = 0.78175, \quad \gamma(x_2, y) = 0.66183,$$

$$\gamma(x_3, y) = 0.52992, \quad \gamma(x_4, y) = 0.60106.$$

g. 评估.

● 由矩阵 R_{XY} 可知, 该药物对第 1, 2, 3 例受试对象均为显效, 对第 4 例受试对象效差.

- 由成组评估灰关联度结果得灰关联序为：$\gamma(x_1,y) > \gamma(x_2,y) > \gamma(x_3,y) > \gamma(x_4,y)$，可得出该降压药物临床效果级为显效.

h. 还可进一步作指标间效果对比. 如按公式

$$\gamma_k = \frac{1}{4\times 4}\sum_{i=1}^{4}\sum_{j=1}^{4}\gamma(x_{ij}(k),y_j(k)),$$

得 $\gamma_1 = 0.61069, \gamma_2 = 0.58263, \gamma_3 = 0.60106$; 然后进行排序、评估.

第二节 临床试验的灰关联对比分析

一、基本模式

定义 8.5 令 $x_i \in X$ 为临床试验的比较序列集，

$$x_i = (x_i(1), x_i(2), \cdots, x_i(n))$$

为第 i 组 (例) 受试对象的观察指标试验效果序列; $i \in I, I = \{1,2,\cdots,m\}; m \geq 2$ 为试验组或受试对象数; $k \in K, K = \{1,2,\cdots,n\}, n \geq 3$ 为观察指标数.

令 $x_0 \in X$ 为理想效果序列 (参考序列),

$$x_0 = (x_0(1), x_0(2), \cdots, x_0(n)), \quad k \in K, \quad K = \{1,2,\cdots,n\}.$$

若 $\gamma(x_0, x_i)$ 为满足灰关联四公理的 x_i 对 x_0 的灰关联度, Γ 为 γ 的全体, 则称 (X, Γ) 为临床试验对比的灰关联空间.

命题 8.3 若 $i \in I, I = \{1,2,\cdots,m\}$ 为临床试验的药物品种或治疗方案数, 则上述为 m 种试验药物或治疗方案的对比.

证：显见.

命题 8.4 若 $i \in I, I = \{1,2,\cdots,m\}$ 为单一药物或方案在 m 种不同品质的受试对象中组数, 则上述为单一药物或方案在 m 种品质的受试对象中的对比.

证：显见.

命题 8.5 若 $i \in I, I = \{1,2,\cdots,m\}$ 为一组受试对象数; 若令 $x_{i_y} \in x_i$ 为试验亚组数序列; $g \in G, G = \{1,2,\cdots,l\}$ 为亚组数目, 则上述为某组受试对象个体间对比及亚组间综合对比.

证：显见.

附注 8.2 理想 (参考) 序列中, k 指标的值 $x_0(k)$ 一般为 x_i 跑遍 i 的最佳效果指标值, 或规定的理想值.

推论 8.5 单一药物或方案的临床试验灰关联对比时, 尚可根据指标灰关联度 γ_k 作指标间对比, 此略.

二、临床试验的灰关联对比分析

例 8.2 替硝唑 + 枸橼酸铋钾胶囊 (丽珠得乐) 对幽门螺杆菌相关性十二指肠溃疡疗效分析[143]. 某医院经内镜检查证实的活动性十二指肠溃疡 (DU), 未包括胃溃疡和复合性溃疡者. 经幽门螺杆菌 (HP) 检菌阳性者纳为观察对象. 共选择 58 例: 男 50 例, 女 8 例; 年龄 24~62 岁 (平均 37 岁). 2 周内未用各种抗生素、铋剂、抗酸或抑酸药物. 无并发症, 无其他系统明显疾患.

随机分为 4 组. A 组: 14 例, 以 "替硝唑 + 丽珠得乐 + 奥美拉唑" 治疗; B 组: 15 例, 以 "奥美拉唑 + 阿莫西林 (羟氨苄青霉素)+ 甲硝唑" 治疗; C 组: 14 例, 以 "枸橼酸铋钾片 (德诺)+ 羟氨苄青霉素 + 甲硝唑" 治疗; D 组 15 例, 以 "奥美拉唑" 治疗. 4 组年龄和性别构成无显著性差异.

疗法为: 替硝唑 1.0g b.i.d.; 丽珠得乐 110mg q.i.d.; 奥美拉唑 20mg q.d.; 羟氨苄青霉素 0.5g q.i.d.; 甲硝唑 0.2g t.i.d.; 德诺 120mg q.i.d.. 丽珠得乐和德诺须于餐前半小时和睡前半小时服用, 其余于餐后半小时服用.

疗程为: 丽珠得乐、奥美拉唑和德诺为 2 周, 其余为 1 周.

内镜与 HP 检查方法: 受检者咽部喷雾局麻后, 取左侧卧位, 以 Q_{30} 电镜行胃十二指肠内镜检查, 探查情况由荧屏显示. 内镜引导下取病变局部涮洗细胞标本, 室温下置于 HP 快速检查诊断盒 (中国人民解放军兰州医学高等专科学校提供) 内放置观察, 如试剂颜色于 24 小时内变为玫瑰红色为阳性, 不变色为阴性.

疗效判断标准: 治疗起始 1 个月后复查. ① 症状消失: 指所有治疗前症状 (包括腹痛、腹胀、烧灼感、泛酸、呃气等) 均消失. ② HP 根除: 胃十二指肠涮洗细胞标本, 以 HP 快速诊断盒、双盒诊断均为阴性者为 HP 根除. 有任一盒出现阳性反应为非根除. ③ 活动性炎症消失: 内镜下所见黏膜充血、糜烂、水肿等征象消失. ④ 溃疡愈合: 溃疡消失或仅留瘢痕者. 溃疡面积减小、不变或扩大均为未愈合.

4 组原始资料见表 8.5.

表 8.5 4 组观察资料

组别(i)	例数	症状消除			HP 根除		活动性炎症消失		溃疡愈合	
		例数	比率(%) (1)	时间 (天) (2)	例数	比率(%) (3)	例数	比率(%) (4)	例数	比率(%) (5)
$A(x_1)$	14	14	100.0	3.8	11	78.6	9/13	69.2	12	85.7
$B(x_2)$	15	15	100.0	3.6	10	66.7	9/13	69.2	11	73.3
$C(x_3)$	14	10	71.4*	6.8	11	78.6	9/12	75.0	9	64.3
$D(x_4)$	15	15	100.0	3.7	2	13.3**	3/12	25.0	9	60.0
理想列 (x_0)			100.0	3.6		78.6		75.0		85.7

注: 与其他组对比 * $P<0.05$; ** $P<0.01$.

第二节 临床试验的灰关联对比分析

灰关联对比分析

(1) 各组对比分析的灰关联系数结果,见表 8.6.

表 8.6 各组对比分析的灰关联系数

组别	(1)	(2)	(3)	(4)	(5)
$A(x_1)$	1.0000	0.9175	1.0000	0.8481	1.0000
$B(x_2)$	1.0000	1.0000	0.7328	0.8481	0.7547
$C(x_3)$	0.6302	0.4099	1.0000	1.0000	0.6407
$D(x_4)$	1.0000	0.9569	0.3333	0.3932	0.6013

(2) 各组试验效果的广义灰关联度为

$$\gamma_{01} \pm S_{\gamma 01} = 0.95312 \pm 0.06872; \quad \gamma_{02} \pm S_{\gamma 02} = 0.86712 \pm 0.12880;$$

$$\gamma_{03} \pm S_{\gamma 03} = 0.73616 \pm 0.25788; \quad \gamma_{04} \pm S_{\gamma 04} = 0.65694 \pm 0.31027.$$

(3) 排列灰关联序,并对比.

经中值、上白化、下白化灰关联序检验,得灰关联序为 $x_1 \succ x_2 \succ x_3 \succ x_4$,即 A 组 >B 组 >C 组 >D 组.

关于结果的讨论

(1) 自 1983 年发现 HP 以来,积累了大量关于 HP 与消化性溃疡,特别是与 DU 有关的资料,认为 HP 感染是 DU 及其复发的重要因素. 对 DU 的治疗也由抑酸、抗酸模式发展为 "抑酸 + 抗菌" 模式. 许多资料表明,有效的抗菌治疗不仅可以促进溃疡愈合,而且可以减少其复发[271-273].

(2) 丽珠得乐和德诺均为铋剂,在酸性环境下可形成不溶性氧化铋,它与溃疡基底和周围炎症部位形成一种 "铋-蛋白质" 保护膜,并有抑制胃蛋白酶和刺激中性黏液分泌的作用. 近年来发现,铋剂在体内和体外均可杀灭 HP,故铋剂不仅有利于 DU 愈合,且能有效预防其复发[273].

(3) 灰关联对比分析显示,在综合考虑了症状缓解、HP 根除、活动性炎症消失及溃疡愈合等各方面疗效时,有 A 组 >B 组 >C 组 >D 组的灰关联序. 说明在此例 4 种方案中,治疗 DU 的最佳方案是 A 组方案,即 "替硝唑 + 丽珠得乐 + 奥美拉唑" 方案.

例 8.3 卡托普利对原发性高血压 (EH) 的疗效分析[142]. 某医院住院的 I～II 期 EH 患者. 诊断标准为[191,232,233]: 依 CBP,SH: SBP$\geqslant$160mmHg, DBP<95mmHg; 或 SBP$\geqslant$2·(DBP−15)mmHg, DBP$\geqslant$95mmHg. CH: 依 WHO 标准,SBP$\geqslant$160mmHg, DBP$\geqslant$95mmHg,且不符合SH诊断标准者.

(1) 对象与分组:共选择 31 例,经临床系统检查排除继发性高血压、临界的和 III 期 EH 或 EH 合并冠心病、心力衰竭、心律失常;无糖尿病、甲状腺疾病、肝肾疾患、慢性阻塞性肺部疾病等. 所有病例进入研究前停用各种降压药物 2 周以上. 资料完整者 20 例纳入分析, 另 11 例因疗程不够标准、中途失访、ABPM 资料不全或不合格等而被剔除.

SH 组 11 例, 男 9 例, 女 2 例; 年龄 53~72 岁 (平均 64 岁). CH 组 9 例, 男 7 例, 女 2 例; 年龄 48~70 岁 (平均 61 岁). 两组年龄及性别构成无差异.

(2) 给药方法及疗程: 不加服利尿剂和其他降血压药物, 视患者个体反应性不同, 给予卡托普利 12.5~50mg、每日 2~3 次口服, 疗程 45 天. 原始资料见表 8.7.

表 8.7　20 例 EH 患者服用卡托普利前后各指标降低幅率　　　(单位: %)

病例号 (i)	指标 (k)										
	CSBP	CDBP	ASBP$_{24h}$	ADBP$_{24h}$	ASBP$_d$	ADBP$_d$	ASBP$_n$	ADBP$_n$	UMAE	LPO	LVMI
1	7.647	9.677	10.705	10.705	11.302	12.968	8.398	8.215	50.000	19.512	5.479
2	7.778	4.348	11.833	4.971	12.850	2.425	12.377	4.434	55.172	28.571	6.250
3	7.879	1.163	9.467	0.374	10.232	0.372	8.958	0.636	52.174	24.324	6.612
4	8.602	6.522	9.826	4.861	7.670	2.415	9.698	4.447	48.000	26.829	7.746
5	5.556	2.273	13.046	1.462	12.386	1.324	14.056	2.143	47.619	32.558	8.609
6	2.941	4.762	12.585	7.127	11.815	1.963	13.160	9.588	48.148	28.205	8.571
7	7.738	5.556	8.158	0.508	9.178	0.634	7.637	0.254	57.143	23.684	5.755
8	8.824	5.556	9.467	5.541	10.032	1.392	10.888	4.599	54.167	23.529	4.348
9	6.250	5.882	5.673	3.427	8.658	5.542	6.231	2.897	54.545	26.190	3.546
10	5.882	2.222	9.192	8.409	10.899	5.075	10.282	12.152	57.143	28.947	6.164
11	8.889	3.043	12.846	4.513	12.508	9.050	11.549	1.114	58.065	18.605	10.738
12	6.667	8.333	10.961	17.179	11.874	24.407	8.938	14.936	51.613	29.545	8.108
13	7.879	14.000	11.559	19.826	13.372	19.628	10.914	16.357	60.000	31.579	7.801
14	7.738	13.636	9.557	15.789	9.724	16.135	9.548	15.076	51.852	21.951	4.762
15	5.882	10.909	8.344	15.553	10.566	16.381	6.901	14.126	42.857	21.951	6.475
16	2.632	7.407	13.395	18.669	14.495	20.352	11.777	17.570	51.724	21.622	8.276
17	3.125	8.163	11.644	17.180	13.764	18.523	7.531	16.352	33.333	20.930	5.755
18	5.882	8.000	9.127	13.651	11.909	16.799	8.372	15.063	45.161	31.707	8.609
19	5.263	5.769	13.243	14.759	12.438	17.302	12.600	15.25]	53.571	29.268	6.757
20	4.706	1.818	6.262	6.586	8.882	13.682	5.999	8.225	54.545	22.500	4.516

注: ① CSBP = 偶测收缩压, CDBP = 偶测舒张压, ASBP= 动态收缩压, ADBP = 动态舒张压, 下标 24h=24 小时, 下标 d= 日间, 下标 n= 夜间, UMAE= 尿微量蛋白排泄率, LPO = 过氧化脂质, LVMI= 左心室重量指数; ② 病例号 1~11 为 SH 组, 12~20 为 CH 组.

灰关联对比分析

(1) 经选取理想参考序列 (本例为各指标最大值构成) 进行灰关联对比分析, 得

　　　　SH 组(综合)广义灰关联度为: 0.4531 ± 0.1806;

　　　　CH 组(综合)广义灰关联度为: 0.4975 ± 0.1585.

第二节 临床试验的灰关联对比分析

(2) 经中值、上白化与下白化灰关联序进行灰关联序显著性检验，得 CH 组 ≻ SH 组.

(3) 各指标灰关联对比结果见表 8.8.

表 8.8　卡托普利对 SH 组和 CH 组各观察指标的灰关联对比

指标 (k)	SH 组	CH 组
CSBP	0.3840 ± 0.0191	0.3937 ± 0.0425
CDBP	0.3767 ± 0.0231	0.4175 ± 0.0557
$ASBP_{24}$	0.4022 ± 0.0298	0.4285 ± 0.0591
$ADBP_{24}$	0.3730 ± 0.0267	0.4656 ± 0.0755
$ASBP_d$	0.4040 ± 0.0246	0.4338 ± 0.0654
$ADBP_d$	0.3691 ± 0.0267	0.4858 ± 0.0761
$ASBPn$	0.4026 ± 0.0308	0.4187 ± 0.0472
$ADBPn$	0.3728 ± 0.0293	0.4600 ± 0.0730
UMAE	1.0000 ± 0.0000	1.0000 ± 0.0000
LPO	0.5169 ± 0.0655	0.5556 ± 0.0834
LVMI	0.3825 ± 0.0252	0.4052 ± 0.0488

注: CSBP = 偶测收缩压, CDBP = 偶测舒张压, ASBP= 动态收缩压, ADBP = 动态舒张压, 下标 24h=24 小时, 下标 d= 日间, 下标 n= 夜间, UMAE= 尿微量蛋白排泄率, LPO= 过氧化脂质, LVMI= 左心室重量指数.

关于结果的讨论

(1) 由灰关联对比分析的结果可见, 卡托普利在不同临床类型 EH 中的效果有所差别, 表现为对 CH 的综合疗效优于 SH. 说明本药对 CH 较 SH 更适宜.

(2) 在两组中, 均显示其对 UMAE 和 LPO 的降低作用较强, 其他依次是: SH 组的 ASBP, CSBP 及 LVMI, CH 组的 ADBP, ASBP, CDBP 及 LVMI. 这表明该药对 UMAE 和 LPO 的临床效应是特别显著的. 以降低幅度考虑, 对 UMAE 和 LPO 的作用优于对其他各 BP 参数的作用. 同时提示本药对不同类型 EH 病理性升高的 BP 有针对性的降低作用[274-276]. 因 LVMI 的灰关联序在主要 BP 参数之后, 故认为本药减轻 EH 患者心脏损害, 是通过降低了 BP, 从而减轻了心脏负荷后而产生的.

(3) EH 患者可因肾血管调节异常或肾小球继发性改变, 而出现肾血流动力学异常和肾小球基底膜通透性增强, 表现为 UMAE 增高[277-279]. 而卡托普利可通过血管紧张素转换酶的抑制作用, 抑制血管紧张素II的生成, 从而使肾血流量和肾小球基底膜的通透性得到改善, UMAE 降低. 本节显示其这一作用优于降压效应, 提示本药可优选用于伴有肾功能异常的 EH 患者.

(4) 此外, 本药对 LPO 的降低幅度较大, 而 LPO 的变化可反映体内氧自由基的变化. 同时, LPO 也可通过影响血管平滑肌细胞膜的 Na^+, Ca^{2+} 转运而致外周阻力增加, 致使 BP 进一步升高. 本药显著降低 LPO 提示其有抗脂质过氧化作用和抗氧自由基作用, 这一作用是否是降压作用的机制之一, 有待进一步探讨[280].

第 三 节　理想值化和权重灰关联分析方法

一、理想值化[74]

定义 8.6　令 x_i 为临床试验的指标序列

$$x_i = (x_i(1), x_i(2), \cdots, x_i(n));$$

$$i \in I, \quad I = \{1, 2, \cdots, m\}; \quad m \geq 2; \quad k \in K, \quad K = \{1, 2, \cdots, n\}.$$

令 $x_i(k)$ 为 x_i 中第 k 个指标的试验观察值, $x_0(k)$ 为 x_i 中第 k 个指标的理想效果值. 若 $f: x \to \chi$ 为映射, 称

$$f(x_i(k)) = \frac{x_i(k)}{x_0(k)} = \chi_i(k), \quad \chi_i(k) \in s(1), \quad s(1)\text{为1的邻域} \quad (8.1)$$

为理想值映射. 它表示效果值偏离理想值的测度; 称序列

$$\chi_i = (\chi_i(1), \chi_i(2), \cdots, \chi_i(n))$$

为理想值化处置的无量纲序列.

二、权重灰关联分析方法[281]

临床试验中, 因试验目的不同, 所选择的观察指标在试验中的地位也不相同, 导致其权重值不相等. 这时, 可采用权重灰关联分析方法, 对各指标上的灰关联系数进行加权重平衡.

权重灰关联度公式:

$$\gamma(x_0, x_i) = \sum_{k=1}^{n} [\beta_k \cdot \gamma(x_0(k), x_i(k))],$$

$$\beta_k = \frac{D(k)}{\sum_{k=1}^{n} D(k)},$$

其中 β_k 为权重系数, 是常数项, $D(k)$ 为灰关联系数 $\gamma(x_0(k), x_i(k))$ 的权重值. 显然有: $\sum_{k=1}^{n} \beta_k = 1$.

第三节 理想值化和权重灰关联分析方法

例 8.4 卡托普利对 SH 和 CH 之 UMAE, LPO 及 LVMI 影响的对比分析. 资料来源见例 8.3.

(1) 选取指标理想值: $x_0(1) = 60.0$; $x_0(2) = 32.558$; $x_0(3) = 10.738$.

(2) 作指标的理想值化处理, 按定义 8.6 中公式 (8.1), 求出理想值化序列, 结果见表 8.9.

表 8.9 UMAE, LPO, LVMI 理想值化结果

i	k		
	UMAE (1)	LPO (2)	LVMI (3)
1	0.83333	0.59930	0.51024
2	0.91953	0.87754	0.58205
3	0.91957	0.74710	0.61576
4	0.80000	0.82404	0.72136
5	0.79365	1.00000	0.80173
6	0.80247	0.86630	0.79819
7	0.95238	0.72744	0.53595
8	0.90278	0.72268	0.40492
9	0.90908	0.80441	0.33023
10	0.95238	0.88909	0.57404
11	0.96775	0.57144	1.00000
12	0.86022	0.90746	0.75508
13	1.00000	0.96993	0.72649
14	0.86420	0.67421	0.44347
15	0.71428	0.67421	0.60300
16	0.86207	0.66411	0.77072
17	0.55556	0.64285	0.53595
18	0.75268	0.97386	0.80173
19	0.89285	0.89895	0.62926
20	0.90908	0.69107	0.42056
$x_0(k)$	1.00000	1.00000	1.00000

(3) 求 UMAE, LPO, LVMI 等权重灰关联系数, 结果见表 8.10.

表 8.10 UMAE, LPO, LVMI 等权重灰关联系数

i	k		
	UMAE (1)	LPO (2)	LVMI (3)
1	0.66769	0.45526	0.40610
2	0.80626	0.73224	0.44483

续表

i	k		
	UMAE (1)	LPO (2)	LVMI (3)
3	0.80634	0.56974	0.46568
4	0.62609	0.65555	0.54584
5	0.61874	1.00000	0.62812
6	0.62899	0.71467	0.62398
7	0.87550	0.55130	0.41916
8	0.77501	0.54701	0.36010
9	0.78648	0.63129	0.33333
10	0.87550	0.75121	0.44015
11	0.91216	0.43865	1.00000
12	0.70552	0.78349	0.57758
13	1.00000	0.91761	0.55044
14	0.71148	0.50688	0.37568
15	0.53961	0.50688	0.45757
16	0.70828	0.49925	0.59359
17	0.42971	0.48391	0.41916
18	0.57520	0.92760	0.62812
19	0.75760	0.76820	0.47459
20	0.78648	0.52016	0.36626

(4) 求权重系数：先给各指标赋权重值 $D(k)$.

若根据临床要求，设定 $D(1)=0.6, D(2)=0.7, D(3)=1$, 求得

$$\beta(1) = 0.26, \quad \beta(2) = 0.3, \quad \beta(3) = 0.435.$$

(5) 求权重灰关联系数：结果见表 8.11.

(6) 灰关联对比分析结果.

a. 由表 8.11 求得

SH 组 (综合) 广义灰关联度为：0.6143 ± 0.0926;

CH 组 (综合) 广义灰关联度为：0.5914 ± 0.1119.

b. 经灰关联序显著性检验，得

$$\text{SH组} \succ \text{CH组}.$$

(7) 结论：卡托普利在保护肾功能、抗脂质过氧化作用及防治左心室肥厚方面的综合效应，在 SH 组优于 CH 组.

第三节 理想值化和权重灰关联分析方法

表 8.11 UMAE, LPO, LVMI 的权重灰关联系数及权重灰关联度

i	UMAE (1)	LPO (2)	LVMI (3)	$\gamma(x_0, x_i)$
1	0.1736	0.1366	0.1767	0.4869
2	0.2096	0.2197	0.1935	0.6228
3	0.2096	0.1709	0.2026	0.5831
4	0.1628	0.1967	0.2374	0.5969
5	0.1609	0.3000	0.2732	0.7341
6	0.1635	0.2144	0.2714	0.6493
7	0.2276	0.1654	0.1823	0.5753
8	0.2015	0.1641	0.1566	0.5222
9	0.2045	0.1894	0.1450	0.5389
10	0.2276	0.2254	0.1915	0.6445
11	0.2372	0.1316	0.4350	0.8038
12	0.1834	0.2350	0.2512	0.6696
13	0.2600	0.2753	0.2394	0.7747
14	0.1850	0.1521	0.1634	0.5005
15	0.1403	0.1521	0.1990	0.4914
16	0.1842	0.1498	0.2582	0.5922
17	0.1117	0.1452	0.1823	0.4392
18	0.1496	0.2783	0.2732	0.7011
19	0.1970	0.2305	0.2064	0.6339
20	0.2045	0.1560	0.1593	0.5198

例 8.5 国产重组链激酶 (r-SK) 对急性心肌梗死溶栓治疗临床试验的灰关联研究[282]. 选择 1995 年 2 月至 10 月北京及上海 7 所医院符合急性心肌梗死入选标准者共 102 例, 分为 r-SK 组和德国进口链激酶 (SK) 组各 51 例. 原始资料见表 8.12.

表 8.12 r-SK 临床试验资料 (单位: %)

k	1	2	3	4	5	6	7	8	9	10	11
x_1	89.4	79.6	85.7	9.8	0	2.0	16.4	2.0	13.7	11.8	5.9
x_2	74.5	79.6	42.9	5.9	2.0	0	19.6	3.9	11.8	11.8	2.0

注: x_1 = r-SK, x_2 = SK; 1 = 心肌梗死再通率, 2 = 发病 ≤ 6 小时心肌梗死再通率, 3 = 心肌梗死 6∼12 小时再通率, 4 = 过敏反应发生率, 5 = 黄疸发生率, 6 = 严重继发性出血发生率, 7 = 轻微出血发生率, 8 = 住院病死率, 9 = 严重心律失常率, 10 = 心肌梗死后心绞痛发生率, 11 = 溶栓后再梗率.

分析步骤

依据第二节提出的模式进行.

1. 确定各指标理想值

对于各再通率, 以达 100% 为最理想; 其余各项不良反应指标, 以不发生 (即为 0) 为最理想, 故有理想值序列 $x_0=(x_0(1), x_0(2), \cdots, x_0(11))=(100, 100, 100, 0, 0, 0, 0, 0, 0, 0, 0)$.

2. 等权重灰关联分析

(1) 区间化处理, 结果如下:

$$x_0 = (1, 1, 1, 0, 0, 0, 0, 0, 0, 0, 0),$$
$$x_1 = (0.58431, 0, 0.25044, 1, 0, 1, 0.83673, 0.51282, 1, 1, 1),$$
$$x_2 = (0, 0, 0, 0.60204, 1, 0, 1, 1, 0.86131, 1, 0.33898).$$

(2) 求差序列, 结果如下:

$$|x_0(k) - x_1(k)| = (0.41569, 1, 0.74956, 1, 0, 1, 0.83673, 0.51282, 1, 1, 1),$$
$$|x_0(k) - x_2(k)| = (1, 1, 1, 0.39796, 1, 0, 1, 1, 0.86131, 1, 0.33898).$$

(3) 求灰关联系数, 结果如下:

$$\gamma(x_0(k), x_1(k)) = \{0.54604, 0.33333, 0.40014, 0.33333, 1, 0.33333,$$
$$0.37405, 0.49367, 0.33333, 0.33333, 0.33333\},$$
$$\gamma(x_0(k), x_2(k)) = \{0.33333, 0.33333, 0.33333, 0.55682, 0.33333, 1,$$
$$0.33333, 0.33333, 0.36729, 0.33333, 0.53596\}.$$

(4) 求灰关联度, 结果为

$$\gamma(x_0, x_1) = 0.43763 \pm 0.20047,$$
$$\gamma(x_0, x_2) = 0.44122 \pm 0.20892.$$

经按第六章方法排列灰关联序并检验, 得 $x_2 \succ x_1$.

3. 权重灰关联分析

在 "等权重灰关联分析" 的基础上, 根据专业知识, 对各指标赋予不同的权重值, 再求权重灰关联系数和权重灰关联度, 参照第三节方法进行分析.

(1) 赋权值: 本研究依据杜绝死亡为第一要求, 赋值为 1; 达到治疗效果为第二要求, 赋值为 0.9; 减少不良反应为最后要求, 赋值为 0.5; 记权值 $D(k), k = 1, 2, \cdots, n$; 本研究中, $n = 11$, 有

$D(1) = 0.9, \quad D(2) = 0.9, \quad D(3) = 0.9, \quad D(4) = 0.5, \quad D(5) = 0.5,$

$D(6) = 0.5$, $D(7) = 0.5$, $D(8) = 1.0$, $D(9) = 0.5$, $D(10) = 0.5$, $D(11) = 0.5$.

(2) 求指标权重系数：若记权重系数为 β_k，则 $\beta_k = \dfrac{D(k)}{\sum\limits_{k-1}^{n} D(k)}$. 求得

$\beta_1 = 0.125$, $\beta_2 = 0.125$, $\beta_3 = 0.125$, $\beta_4 = 0.0694$, $\beta_5 = 0.0694$,
$\beta_6 = 0.0694$, $\beta_7 = 0.0694$, $\beta_8 = 0.1389$, $\beta_9 = 0.0694$, $\beta_{10} = 0.0694$,
$\beta_{11} = 0.0694$.

(3) 求权重灰关联系数：若记 $\gamma_{0i}(k)$ 为权重灰关联系数，则

$$\gamma_{0i}(k) = \beta_k \gamma(x_0(k), x_i(k)),$$

求得

$\gamma_{01}(k) = \{0.06826, 0.04167, 0.05118, 0.02315, 0.06944, 0.02315,$
$\qquad\qquad 0.02598, 0.06857, 0.02315, 0.02315, 0.02315\};$

$\gamma_{02}(k) = \{0.04167, 0.04167, 0.04167, 0.03867, 0.02315, 0.06944,$
$\qquad\qquad 0.02315, 0.04630, 0.02551, 0.02315, 0.04139\}.$

(4) 求权重灰关联度：若记 γ_{0i} 为权重灰关联度，则 $\gamma_{0i} = \sum\limits_{k=1}^{n} \gamma_{0i}(k)$. 求得

$\gamma_{01} = 0.44085 \pm 0.22612$, $\gamma_{02} = 0.41574 \pm 0.15271$.

经按第六章方法排列灰关联序并检验，得 $x_1 \succ x_2$.

4. 结论与讨论

本研究未显示国产 r-SK 与德国进口 SK 的临床效应有显著性差异，证明国产 r-SK 与德国进口 SK 有近似的临床应用价值，与文献中统计分析结论一致.

本 章 小 结

本章提出了临床试验的几种灰关联模式，并举例说明了临床试验的灰关联设计、分析与评价方法、步骤，初步形成了临床试验的灰关联分析理论与应用框架.

第九章 重大医学课题灰关联研究简介

本章资料部分来源于国家"七五"攻关课题"北京地区急性冠心病事件病死率的变化趋势——MONICA 方案的研究"[283]. 作者应用灰关联极性分析理论对研究资料进行分析, 得出了重要结果、结论.

一、研究人群

以 1986 年 1 月 1 日至 1991 年 12 月 31 日期间, 北京地区 700 万自然人群心血管病监测中心发生的 25~74 岁急性冠心病事件患者为研究对象, 采用世界卫生组织 MONICA 方案规定急性冠心病事件诊断标准.

由北京 42 家市、区级医院及 300 多家居委会组成的三级监测网进行发病及死亡信息收集; 由专门培训过的医务人员核实、确诊、上报, 再查阅其急性期 (发病 28 天内) 医疗记录, 收集有关用药的资料; 原始资料见表 9.1.

表 9.1 北京地区急性冠心病事件病死率及住院心肌梗死患者急性期用药情况 (单位: %)

k	1986 (1)	1987 (2)	1988 (3)	1989 (4)	1990 (5)	1991 (6)
x_0	48.2	42.8	39.0	44.4	42.9	38.5
x_1	83.6	84.0	89.4	82.8	87.4	89.3
x_2	62.7	71.1	67.2	70.9	64.1	57.9
x_3	53.4	44.0	46.1	54.7	54.4	46.6
x_4	52.0	45.8	58.3	52	58.7	52.9
x_5	35.6	36.3	41.1	40.8	43.9	36.5
x_6	18.3	12.0	11.7	14.2	19.6	22.2
x_7	14.4	11.3	18.3	17.3	13.2	18.8
x_8	1.6	0.0	1.6	3.7	3.7	8.0
x_9	0.0	6.0	11.7	5.7	3.6	12.7

注: $x_0=$ 住院病死率; $x_1=$ 硝酸甘油类; $x_2=$ 非 β 受体阻滞剂抗心律失常类; $x_3=$ 抗心力衰竭类; $x_4=$ 抗血小板类; $x_5=$ 钙拮抗剂类; $x_6=$ 抗凝类; $x_7=$ β 受体阻滞剂类; $x_8=$ 溶栓类; $x_9=$ 血管紧张素转换酶抑制剂 (ACEI) 类.

二、极性灰关联分析

1. 各类药物使用率与住院病死率的极性分析, 以第五章提出的方法进行分析

(1) 测度化处理: 按定义 5.1, x_0 是已知的望小极性因子, x_i, $i \in I$, $I = \{1, 2, \cdots, 9\}$ 是极性未明因子. 按公式

$$x_{iu}(k) = \frac{x_i(k)}{\max_k x_i(k)} \tag{9.1}$$

和

$$x_{il}(k) = \frac{\min_k x_i(k)}{x_i(k)}, \tag{9.2}$$

$$k \in K, \quad K = \{1,2,3,4,5,6\}$$

分别求出上限和下限效果测度化序列, 结果见表 9.2.

表 9.2 急性冠心病事件病死率及住院心肌梗死患者急性期用药情况的测度化序列

k	1986 (1)	1987 (2)	1988 (3)	1989 (4)	1990 (5)	1991 (6)
x_{0l}	0.79876	0.89953	0.98718	0.86712	0.89744	1.00000
x_{1l}	0.99043	0.98571	0.92617	1.00000	0.94373	0.92721
x_{1u}	0.93512	0.93960	1.00000	0.92617	0.97763	0.99888
x_{2l}	0.92344	0.81435	0.86161	0.81664	0.90328	1.00000
x_{2u}	0.88186	1.00000	0.94515	0.99719	0.90155	0.81435
x_{3l}	0.82397	1.00000	0.95445	0.80439	0.80882	0.94421
x_{3u}	0.97623	0.80439	0.84278	1.00000	0.99452	0.85192
x_{4l}	0.88077	1.00000	0.78559	0.88077	0.78024	0.86578
x_{4u}	0.88586	0.78024	0.99319	0.88586	1.00000	0.90119
x_{5l}	1.00000	0.98072	0.86618	0.87255	0.81093	0.97534
x_{5u}	0.81093	0.82688	0.93622	0.92938	1.00000	0.83144
x_{6l}	0.63934	0.97500	1.00000	0.82394	0.59694	0.52703
x_{6u}	0.82432	0.54054	0.52703	0.63964	0.88288	1.00000
x_{7l}	0.78472	1.00000	0.61749	0.65318	0.85606	0.60160
x_{7u}	0.76596	0.60106	0.97340	0.92021	0.70213	1.00000
x_{8l}	0.00000	0.00000	0.00000	0.00000	0.00000	0.00000
x_{8u}	0.22500	0.00000	0.22500	0.46250	0.46250	0.00000
x_{9l}	0.00000	0.00000	0.00000	0.00000	0.00000	0.00000
x_{9u}	0.00000	0.47244	0.92126	0.44882	0.28346	1.00000

(2) 求 $\gamma(x_{0l}(k), x_{il}(k))$ 和 $\gamma(x_{0l}(k), x_{iu}(k))$: 经求差序列并按照灰关联系数公式求得灰关联系数, 结果见表 9.3.

(3) 求 $\gamma(x_{0l}, x_{il})$ 和 $\gamma(x_{0l}, x_{iu})$. 按灰关联度计算式和表 9.3 中灰关联系数结果, 求出 $\gamma(x_{0l}, x_{il})$ 和 $\gamma(x_{0l}, x_{iu})$, 结果为

$$\gamma(x_{0l}, x_{1l}) = 0.52325 \pm 0.12357, \quad \gamma(x_{0l}, x_{1u}) = 0.70001 \pm 0.21665;$$

$$\gamma(x_{0l}, x_{2l}) = 0.66030 \pm 0.25432, \quad \gamma(x_{0l}, x_{2u}) = 0.56726 \pm 0.22523;$$

$$\gamma(x_{0l}, x_{3l}) = 0.78725 \pm 0.15775, \quad \gamma(x_{0l}, x_{3u}) = 0.52417 \pm 0.07681;$$

$$\gamma(x_{0l}, x_{4l}) = 0.55763 \pm 0.19977, \quad \gamma(x_{0l}, x_{4u}) = 0.60708 \pm 0.19431;$$

$$\gamma(x_{0l}, x_{5l}) = 0.63773 \pm 0.24092, \quad \gamma(x_{0l}, x_{5u}) = 0.58942 \pm 0.27268;$$

$$\gamma(x_{0l}, x_{6l}) = 0.65388 \pm 0.23916, \quad \gamma(x_{0l}, x_{6u}) = 0.68180 \pm 0.29849;$$

$$\gamma(x_{0l}, x_{7l}) = 0.59896 \pm 0.25108, \quad \gamma(x_{0l}, x_{7u}) = 0.74830 \pm 0.24176;$$

$$\gamma(x_{0l}, x_{8l}) = 0.35294 \pm 0.01914, \quad \gamma(x_{0l}, x_{8u}) = 0.54849 \pm 0.23384;$$

$$\gamma(x_{0l}, x_{9l}) = 0.35589 \pm 0.01921, \quad \gamma(x_{0l}, x_{9u}) = 0.63352 \pm 0.24879.$$

表 9.3 急性冠心病事件病死率及住院心肌梗死患者用药情况极性灰关联分析的灰关联系数结果

$\gamma(x_{0l}(k), x_{il}(k))$ 和 $\gamma(x_{0l}(k), x_{iu}(k))$	k					
	1986 (1)	1987 (2)	1988 (3)	1989 (4)	1990 (5)	1991 (6)
$\gamma(x_{0l}(k), x_{1l}(k))$	0.33723	0.53268	0.61816	0.42391	0.66515	0.57497
$\gamma(x_{0l}(k), x_{1u}(k))$	0.41756	0.71340	0.89232	0.62598	0.55080	1.00000
$\gamma(x_{0l}(k), x_{2l}(k))$	0.42677	0.52147	0.42503	0.64774	0.94081	1.00000
$\gamma(x_{0l}(k), x_{2u}(k))$	0.52764	0.48022	0.68833	0.41645	0.95760	0.33333
$\gamma(x_{0l}(k), x_{3l}(k))$	1.00000	0.60233	0.93809	0.75229	0.64247	0.78841
$\gamma(x_{0l}(k), x_{3u}(k))$	0.42803	0.61969	0.48875	0.51416	0.61323	0.48116
$\gamma(x_{0l}(k), x_{4l}(k))$	0.35123	0.58330	0.47852	1.00000	0.56672	0.84650
$\gamma(x_{0l}(k), x_{4u}(k))$	0.93893	0.61205	0.69963	0.65109	0.52195	0.84650
$\gamma(x_{0l}(k), x_{5l}(k))$	0.59733	0.75807	0.94858	0.84650	0.44039	0.33333
$\gamma(x_{0l}(k), x_{5u}(k))$	0.90246	0.39714	0.33947	0.50970	0.94200	1.00000
$\gamma(x_{0l}(k), x_{6l}(k))$	0.59733	0.75807	0.94858	0.84560	0.44039	0.33333
$\gamma(x_{0l}(k), x_{6u}(k))$	0.90246	0.39714	0.33947	0.50970	0.94200	1.00000
$\gamma(x_{0l}(k), x_{7l}(k))$	0.93424	0.66503	0.35046	0.48250	0.82819	0.33333
$\gamma(x_{0l}(k), x_{7u}(k))$	0.85879	0.40059	0.93538	0.78979	0.50527	1.00000
$\gamma(x_{0l}(k), x_{8l}(k))$	0.38193	0.35431	0.33333	0.36274	0.35484	0.33047
$\gamma(x_{0l}(k), x_{8u}(k))$	0.46244	0.35431	0.39306	0.54953	0.53158	1.00000
$\gamma(x_{0l}(k), x_{9l}(k))$	0.38498	0.35726	0.33621	0.36573	0.35780	0.33333
$\gamma(x_{0l}(k), x_{9u}(k))$	0.38498	0.53932	0.88352	0.54448	0.44884	1.00000

(4) 因子极性判别: 按照公理 5.2 进行因子极性判别.

由 (3) 可见, $\gamma(x_{0l}, x_{1l}) < \gamma(x_{0l}, x_{1u})$, 故 x_1 与 x_0 为反极性因子. 亦即, x_1 使用率越高, 导致 x_0 越低.

同理, 有 x_2 与 x_0 为同极性因子; x_3 与 x_0 为同极性因子; x_4 与 x_0 为反极性因子; x_5 与 x_0 为同极性因子; x_6 与 x_0 为极性关系非显性因子; x_7 与 x_0 是反极性因子; x_8 与 x_0 是极性关系非显著因子; x_9 与 x_0 是反极性因子.

第九章 重大医学课题灰关联研究简介

2. 常规灰关联分析

(1) 原始数据的无量纲化处理. 根据上述极性灰关联分析的因子极性结果, 选择合适的无量纲化方法. 本节对 x_0, x_2, x_3, x_5 行下限效果测度化处理, 对 x_1, x_4, x_7, x_9 行上限效果测度化处理; x_6, x_8 的极性关系非显著, 予以剔除. 无量纲化序列见表 9.2.

(2) 求灰关联系数. 经求差序列, 得环境参数:

$$\min_i \min_k |x_0(k) - x_i(k)| = 0,$$

$$\max_i \max_k |x_0(k) - x_i(k)| = 0.79876.$$

取 $\zeta=0.5$, 求得灰关联系数结果, 见表 9.4.

表 9.4 急性冠心病事件病死率与住院心肌梗死患者急性期用药情况分析的灰关联系数

$\gamma(x_0(k), x_i(k))$	\multicolumn{6}{c}{k}
	1986 (1)	1987 (2)	1988 (3)	1989 (4)	1990 (5)	1991 (6)
$\gamma(x_0(k), x_1(k))$	0.74547	0.90882	0.96890	0.87119	0.83279	0.99720
$\gamma(x_0(k), x_2(k))$	0.76209	0.82421	0.76080	0.88779	0.98559	1.00000
$\gamma(x_0(k), x_3(k))$	0.94063	0.79900	0.92426	0.86425	0.81840	0.87743
$\gamma(x_0(k), x_4(k))$	0.82096	0.77001	0.98517	0.79764	0.79567	0.80166
$\gamma(x_0(k), x_5(k))$	0.66495	0.83105	0.76748	0.98659	0.82196	0.94185
$\gamma(x_0(k), x_7(k))$	0.92411	0.57230	0.96665	0.88267	0.67158	1.00000
$\gamma(x_0(k), x_7(k))$	0.38479	0.53932	0.88352	0.54448	0.44884	1.00000

(3) 求灰关联度. 根据灰关联度公式求得

$$\gamma(x_0, x_1) = 0.88740 \pm 0.09225; \quad \gamma(x_0, x_2) = 0.87008 \pm 0.10606;$$

$$\gamma(x_0, x_3) = 0.87066 \pm 0.05607; \quad \gamma(x_0, x_4) = 0.82852 \pm 0.07845;$$

$$\gamma(x_0, x_5) = 0.83565 \pm 0.11667; \quad \gamma(x_0, x_7) = 0.83622 \pm 0.17348;$$

$$\gamma(x_0, x_9) = 0.63352 \pm 0.24879.$$

(4) 求灰关联序. 据灰关联度排列灰关联序为

$$\gamma(x_0, x_1) > \gamma(x_0, x_3) > \gamma(x_0, x_2) > \gamma(x_0, x_7) > \gamma(x_0, x_5) > \gamma(x_0, x_4) > \gamma(x_0, x_9),$$

即: $x_1 \succ x_3 \succ x_2 \succ x_7 \succ x_5 \succ x_4 \succ x_9$.

按照第六章方法, 经对分辨距离较小的 $\gamma(x_0, x_3)$ 与 $\gamma(x_0, x_2)$ 及 $\gamma(x_0, x_5)$ 与 $\gamma(x_0, x_7)$ 进行灰关联序显著性检验得 $x_3 \succ x_2$ 和 $x_5 \succ x_7$.

本 章 小 结

(1) 本章从大课题研究资料中提取有效的少信息, 对急性冠心病事件住院病死率和心血管药物使用率进行灰关联分析, 得出了有价值的结果、结论.

(2) 某些药物使用率是相应临床情况发生率的数值映射, 如抗心力衰竭类使用率反映心力衰竭合并率, 非 β 受体阻滞剂抗心律失常类使用率反映心律失常发生率.

(3) 本章灰关联分析结果提示北京地区急性冠心病事件病死率与非 β 受体阻滞剂抗心律失常类、抗心力衰竭类、钙拮抗剂类药物的使用率正性灰关联, 与硝酸甘油类、抗血小板类、β 受体阻滞剂类和 ACEI 类药物使用率负性灰关联. 与抗凝类和溶栓类药物的使用率未显示出极性关系.

(4) 住院病死率与硝酸甘油类、抗心力衰竭类、非 β 受体阻滞剂抗心律失常类、β 受体阻滞剂类、钙拮抗剂类药物的使用率灰关系密切, 与抗血小板类和 ACEI 类药物的使用率灰关系较弱.

(5) "七五" 期间, 临床上将钙拮抗剂 (主要是二氢吡啶类短效制剂) 作为治疗冠心病的一线药物, 并认为钙拮抗剂在控制病情和降低病死率方面有明显效果[284-287]. 基于这种认识, 出现本章 "病死率与钙拮抗剂类药物的使用率正性灰关联" 的结果在当时是难以解释的.

(6) 随着对钙拮抗剂药理作用研究和临床应用经验的不断总结, 发现二氢吡啶类短效制剂增加冠心病患者死亡率[285,286].

(7) 众多文献报道, 硝酸甘油类、β 受体阻滞剂类、抗血小板类和 ACEI 类药物可降低冠心病死亡率. 本研究结果显示这些药物的使用率与急性冠心病事件住院病死率负性灰关联, 进一步证明它们是该临床情况下的有效药物种类[288].

(8) 抗心力衰竭类药物使用率与冠心病病死率的正性灰关联可能因: ① 增加心肌耗氧量而加重病情; ② 使用这类药物的患者心功能较差, 病情相对较重. 本结果提示心力衰竭是急性冠心病事件的致死原因.

(9) 非 β 受体阻滞剂抗心律失常药物在心律失常存在的情况下使用. 而心律失常, 尤其是恶性心律失常, 是冠心病致死的主要因素之一[289]. 这类药物的使用率, 是心律失常发生率的映射, 与急性冠心病住院病死率正性灰关联, 表明心律失常的发生率与冠心病住院病死率正性灰关联, 这一结果与实际相符.

(10) 抗凝治疗的效果多年来未得到证实. 本研究未显现出抗凝类药物的使用率与冠心病住院病死率间的极性灰关联, 也表明其效果并不肯定.

(11) 溶栓治疗可挽救冠心病急症患者[290]. 但 "七五" 期间本疗法尚未广泛开展, 故其与急性冠心病住院病死率的灰关系未能显示.

(12) 本结果为急性冠心病事件选择药物治疗提供了有力依据.

参 考 文 献

[1] 保尔·拉法格, 等. 回忆马克思恩格斯. 北京: 人民出版社, 1973.

[2] 恩格斯. 自然辩证法. 于光远, 等译. 北京: 人民出版社, 1984.

[3] 杨纪珂, 齐翔林, 陈霖. 生物数学概论. 北京: 科学出版社, 1982.

[4] van der Pol B. On relaxation oscliIlations. Pgil. Mag., 1926, 2: 978.

[5] van der Pol B, van der Mark J. The heartbeat considered as a relaxation oscillation, and an electrical model of the heart. Philosophical Magazine, 1928, 6: 763-775.

[6] Shimkin M B, Mettier S R, Bierman H R. Myelocytic leukemia: An analysis of incidence, distribution and fatality, 1910-1948. Annals of Internal Medicine, 1951, 35(1): 194.

[7] Levinson N. A second order differential equation with singular solutions. Annals of Mathematics, 1949, 50(1): 127-153.

[8] Brown T G. On the nature of the fundamental activity of the nervous centres; together with an analysis of the conditioning of rhythmic activity in progression, and a theory of the evolution of function in the nervous system. Journal of Physiology, 1914, 48(1): 18-46.

[9] Goldberger A L, Bhargava V, West B J, et al. On a mechanism of cardiac electrical stability. The fractal hypothesis. Biophysical Journal, 1985, 48(3): 525-528.

[10] Grebogi C, Mcdonald S W, Ott E, et al. Exterior dimension of fat fractals. Physics Letters A, 1985, 110(1): 1-4.

[11] West B J, Goldberger A L. Physiology in fractal dimensions. American Scientist, 1987, 75: 354-365.

[12] Sundaresan T K, Assaad F A. The use of simple epidemiological models in the evaluation of disease control programmes: a case study of trachoma. Bull World Health Organ., 1973, 48(6): 709-714.

[13] 邱鸿钟. 关于医学专家系统的逻辑. 医学与哲学, 1989, 3: 21.

[14] Mackey M C, Glass L. Oscillation and chaos in physiological control systems. Science, 1977, 197(4300): 287-289.

[15] Glass L, Mackey M C. Pathological conditions resulting from instabilities in physiological control systems. Annals of the New York Academy of Sciences, 1979, 316(1): 214-235.

[16] Mates J W B, Horowitz J M. Instability in a hippocampal neural network. Computer Programs in Biomedicine, 1976, 6(2): 74-84.

[17] Kaczmarek L K, Babloyantz A. Spatio-temporal patterns in epileptic seizures. Biol. Cybern., 1977, 26(4): 199-208.

[18] Traub R D, Wong R K S. Penicillin-induced epileptiform activity in the hippocampal slice: A model of synchronization of CA3 pyramidal cell bursting. Neuroscience, 1981, 6(2): 223-230.

[19] Knowles W D, Traub R D, Wong R K S, et al. Properties of neural networks: Experimentation and modeling of the epileptic hippocampal slice. Trends in Neurosciences, 1985, 8(2): 73-79.

[20] Heiden U A D, Mackey M C. The dynamics of production and destruction: Analytic insight into complex behavior. Journal of Mathematical Biology, 1982, 16(1): 75-101.

[21] King R, Barchas J D, Huberman B A. Chaotic behavior in dopamine neurodynamics. Proceedings of the National Academy of Sciences of the United States of America, 1984, 81(4): 1244-1247.

[22] Mobitz W. über die unvollstandige störung der Erregungsüberletiung zwischen Vorhof und kammer des menschlichen Herzens. Zeit f. d. ges. exp. Med., 1924, 41: 180.

[23] Wiener N, Rosenblueth A. The mathematical formulation of the problem of conduction of impulses in a network of connected excitable elements, specifically in cardiac muscle. Archivos Del Instituto De Cardiología De México, 1946, 16(3): 205-265.

[24] Levine S N. Enzyme amplifier kinetics. Science, 1966, 152(3722): 651-653.

[25] Martorana F. Some considerations on the enzyme amplifier system: The blood clotting. J. Nucl. Med. Allied Sci., 1978, 22(4): 181-183.

[26] Martorana F, Moro A. On the kinetics of enzyme amplifier systems with negative feedback. Math. Biosci., 1974, 21: 77-84.

[27] Khanin M A, Semenov V V. A mathematical model of the kinetics of blood coagulation. J. Theor. Biol., 1989, 136(2): 127-134.

[28] Wolf A, Swift J B, Swinney H L, et al. Determining Lyapunov exponents from a time series. Physica D: Nonlinear Phenomena, 1985, 16(3): 285-317.

[29] Le Berre M, Ressayre E, Tallet A, et al. Conjecture on the dimensions of chaotic attractors of delayed-feedback dynamical systems. Physical Review A, 1987, 35(9): 4020-4022.

[30] Kostelich E J, Swinney H L. Practical considerations in estimating dimension from time series data. Physica Scripta, 2006, 40(3): 436-441.

[31] Lasota A. Ergodic problems in biology. Asterisque, 1977, 50: 239-250.

[32] Wazewska-Czyzzewska M. Erythrokinetics: Radioisotopic Methods of Investigation and Mathematical Approach. Springfield: Foreign Scienlific Publications, National Center for Scientific, Technical and Economic Infotmation, 1984.

[33] Lauffenburger D, Keller K H. Effects of leukocyte random motility and chemotaxis in tissue inflammatory response. J Theor Biol., 1979, 81(3): 475-503.

[34] Garnett A R, Ornato J P, Gonzalez E R, et al. End-Tidal carbon dioxide monitoring during cardiopulmonary resuscitation. JAMA, 1987, 257(4): 512-515.

参考文献

[35] Pham D T, Demongeot J, Baconnier P, et al. Simulation of a biological oscillator: The respiratory system. J. Theor. Biol., 1983, 103(1): 113-132.

[36] Feldman J L, Cowan J D. Large-scale activity in neural nets. II: A model for the brainstem respiratory oscillator. Biological Cybernetics, 1975, 17(1): 39-51.

[37] Huber P J. Robust Estimation of a Location Parameter. New York: Springer, 1992, 35(1): 492-518.

[38] Huber P J. Robust regression: Asymptotics, conjectures and monte carlo. Annals of Statistics, 1973, 1(5): 799-821.

[39] Dutter R. Numerical solution of robust regression problems: Computational aspects, a comparison. Journal of Statistical Computation and Simulation, 1977, 5(3): 207-238.

[40] Dutter R. Algorithms for the Huber estimator in multiple regression. Computing, 1977, 18(2): 167-176.

[41] Andrews D F. A robust method for multiple linear regression. Technometrics, 1974, 16(4): 523-531.

[42] van der Kloot W, Kita H, Cohen I. The timing of the appearance of miniature end-plate potentials. Progress in Neurobiology, 1975, 4: 269-326.

[43] Gerstein G L, Mandelbrot B. Random walk models for the spike activity of a single neuron. Biophysical Journal, 1964, 4(1): 41-68.

[44] Lasota A, Mackey M C. Probabilistic Properties of Deterministic Systems. Cambridge: Cambridge University Press, 1986.

[45] Smith J A, Martin L. Do cells cycle? Proceedings of the National Academy of Sciences, 1973, 70(4):1263-1267.

[46] Mackey M C, Santavy M, Selepova P. A mitotic oscillator model for the cell cycle with a strage attrator // Othmer H G, ed. Nonlinear Oscillations in Biology and Chemistry. Berlin: Hematology, 1986.

[47] Wintrobe M M. Clinical Hematology. Philadelphia: Lea and Febiger, 1967.

[48] Burch P R J. The biology of canncer: A new approach. British Journal of Cancer, 1977, 35: 388-389.

[49] 黄秉宪, 潘华, 等. 计量医学. 上海: 上海科学技术出版社, 1984.

[50] 周怀梧. 数理统计. 济南: 山东教育出版社, 1984.

[51] 湖南医学院, 等. 高等数学: 医学专业. 长沙: 湖南教育出版社, 1983.

[52] 杨树勤. 卫生统计学. 北京: 人民卫生出版社, 1978.

[53] 黄秉宪. 脑信息模型及计算机模型. 百科知识, 1985, 8: 53.

[54] 汪云九, 顾凡及. 生物控制论研究方法. 北京: 科学出版社, 1986.

[55] Bekey G A. Parameter estimation. Proc. 3rd IFAC Symp., 1973.

[56] Rideout V C, Beneken J E W. Parameter estimation applied to physiological systems. Mathematics and Computers in Simulation, 1975, 17(1): 23-36.

[57] Bekey G A, Beneken J E W. Identification of biological and medical systems // Rajbman N S, ed. Identification and System Parameter Estimation, Part 1. Amsterdam, New York: North-Holland Publishing Co., 1978: 15-38.

[58] Beyer J. Contribution to identifying the dynamic behaviour of the blood pressure control system in man on the basis of active experiments // Rajbman N S, ed. Identification and System Parameter Estimation, Part 1. Amsterdam, New York: North-Holland Publishing Co., 1978: 599-607.

[59] Deswysen B A. Optimum choice of the statistical parameters of a nonlinear filter applied to cardiovascular parameter estimation // Rajbman N S, ed. Identification and System Parameter Estimation, Part 1. Amsterdam, New York: North-Holland Publishing Co., 1978: 561-571.

[60] Clark J W, Ling R Y, Srinivasan R, et al. A two-stage identification scheme for the determination of the parameters of a model of left heart and systemic circulation. IEEE Trans on Biomedical Engineering, 1980, 27: 20.

[61] Versteeg P G A. Control of cardiac output in exercising dogs using different types of work-laod. Carrdiovascular Research, 1981, 15:151.

[62] 潘华. 血压控制系统中压力感受器反馈回路的研究. 生物化学与生物物理进展, 1979, 9: 23.

[63] 马润津, 汪芳子. 在弹射加速度作用下人体动态响应的数学模型辨识. 自动化学报, 1983, 9: 127.

[64] Zadeh L A. Fuzzy sets. Information and control, 1965, 8: 338.

[65] Khanna P K. Exercise in a hyoixic envionment as a screening test for ischemic heart disease. A Viat Space Environ. Med., 1976, 47: 1114.

[66] 郭荣江. 肝病辨证施治电子计算机程序的研究. 中华医学杂志, 1979, 11: 654.

[67] 孙洪元. 应用多元隶属函数评价人体心脏功能. 模糊数学, 1982, 3: 99.

[68] Deng J L. Control problems of grey systems. Systems & Control Letters, 1982, 5: 288.

[69] 郭洪, 马淑惠, 肖克军. 灰色聚类的医学诊断. 大自然探索, 1986, 4: 69.

[70] 北京系统工程研究所. 中西医学诊断研究与测评系统报告书. 1991, 8: 8.

[71] 刘彤华. 诊断病理学. 北京: 人民卫生出版社, 1994.

[72] 郑富盛. 细胞形态立体计量学. 北京: 北京医科大学, 中国协和医科大学联合出版社, 1990.

[73] 邓聚龙. 灰数学引论: 灰色朦胧集. 武汉: 华中理工大学出版社, 1992.

[74] 邓聚龙. 灰色系统理论教程. 武汉: 华中理工大学出版社, 1990.

[75] 邓聚龙. 社会经济灰色系统的理论与方法. 中国社会科学, 1984, 6: 47.

[76] 邓聚龙. 灰色系统: 社会、经济. 北京: 国防工业出版社, 1985.

[77] 邓聚龙. 灰色控制系统. 武汉: 华中理工大学出版社, 1985.

[78] 邓聚龙. 灰色预测与决策. 武汉: 华中理工大学出版社, 1986.

[79] 邓聚龙. 灰色系统基本方法. 武汉: 华中理工大学出版社, 1987.

[80] 邓聚龙等. 农业系统灰色理论与方法. 济南: 山东科学技术出版社, 1988.

- [81] 邓聚龙. 多维灰色规划. 武汉：华中理工大学出版社, 1989.
- [82] 邓聚龙. 灰色系统理论与应用进展的若干问题// 刘思峰, 徐忠祥. 灰色系统研究新进展. 武汉：华中理工大学出版社, 1996: 1-10.
- [83] Deng J L. Grey information space. J. Grey System, 1989, 2: 103.
- [84] Deng J L. The unit of information repressentation in grey system theory. J. Grey System, 1991, 2: 87.
- [85] Deng J L. Introduction to grey system theory. J. Grey System, 1989, 1: 1.
- [86] 邓聚龙. 最小信息量的最优模糊控制. 模糊数学, 1983, 4: 77.
- [87] Deng J L. Grey hazy sets. J. Grey System, 1992, 1: 13.
- [88] Deng J L. Theoremon metabolized series in grey modling. J. Grey System, 1996, 4: 358.
- [89] 杨建华, 邓聚龙. 灰色系统理论中的可比性. 武汉化工学院学报, 1997, 3: 79-81.
- [90] Deng J L. The comparability of representation in grey system theory. J. Grey System, 1991, 2: 107.
- [91] 邓聚龙. 灰色系统理论中的信息表现元. 灰色系统理论与实践, 1990, 1: 1.
- [92] Deng J L. Method for predicting the turning point of metabolized GM(1, 1) Model. J. Grey System, 1996, 4: 293.
- [93] Deng J L. The point-set topological properties of grey series. J. Grey System, 1990, 1: 283.
- [94] Deng J L. Grey units. J. Grey System, 1992, 1: 2.
- [95] Deng J L. Extent information cover in grey system theory. J. Grey System, 1995, 2: 131.
- [96] Deng J L. Connotation of information cover in grey system theory. J. Grey System, 1995, 4: 315.
- [97] Deng J L. The forming relation in grey system theory. J. Grey System, 1991, 3: 89.
- [98] Deng J L. Whitened solution in grey relational space. J. Grey System, 1996, 2: 115.
- [99] Deng J L, Zhang Q S. Axiom on grey inference. J. Grey System, 1996, 8(3): 203-208.
- [100] Deng J L. Essential stucture of gey inference. J. Grey System, 1996, 4: 299.
- [101] Deng J L. On judging the admissbility of grey modeling via class ratio. J. Grey System, 1993, 4: 249.
- [102] Deng J L. Grey layer hazy sets. J. Grey System, 1993, 2: 75.
- [103] Deng J L. Properties of grey layer hazy sets. J. Grey System, 1993, 3: 171.
- [104] Deng J L. Greyness and uncertainty of grey system. J. Grey System, 1995, 3: 236.
- [105] Deng J L, Ng D K W. Contrasting grey system theory to probability and fuzzy. SIGICE Bulletin, 1995, 3: 3.
- [106] Deng J L. Difference among Grey, Probability, Fuzzy. J. Grey System, 1995, 3: 256-262.
- [107] 邓聚龙. 灰色系统理论的 GM 模型. 模糊数学, 1985, 2: 23.

[108] Deng J L. Properties of multivariable grey model GM(1, N). J. Grey System, 1989, 1: 25.

[109] Deng J L. Essential models for grey forecasting control. J. Grey System, 1990, 1: 25.

[110] Deng J L, Li B Q. Models for grey series. J. Grey System, 1990, 3: 217.

[111] Deng J L. Properties of grey forecasting model GM(1, 1) // Deng J L, ed. Grey System. Beijing: China Ocean Press, 1988: 70-78.

[112] 邓聚龙. 灰色局势决策. 模糊数学, 1985, 2: 43.

[113] Lin C R, Deng J L. On grey prediction of gas pool // 刘思峰, 徐忠祥. 灰色系统研究新进展. 武汉: 华中理工大学出版社, 1996: 70-78.

[114] 徐忠祥, 吴国平, 陈守余, 等. 油气圈闭灰色预测系统观// 刘思峰, 徐忠祥. 灰色系统研究新进展. 武汉: 华中理工大学出版社, 1996: 20-24.

[115] Tan X R, Ye F L, Du X, et al. Heart changes on echocardiography in elderly female hypertensives. J. Xi'an Med. Univ., 1996, 1: 152.

[116] Thaulow E. The clinical promise of calcium antagonistists in the angioplasty patient. Workshop Newsletter. Report on a workshop held in New Qrleans, 1995.

[117] Crowe J M. Anxiety and depression after acute myocardial infarction. Heart & Lung, 1996, 25: 98.

[118] Hou R L, Zhou A L, Yu H X, et al. The investigation and analysis of the psychological diorders of the pupils(9-12 years of age) of Xi'an City. J. Xi'an Med. Univ., 1996, 1: 14.

[119] Schsfe M K. The effects of trental on 200 cases with brainvascular diseases. Munch. Med. Wschr., 1973, 115: 1745.

[120] 谭学瑞, 叶复来. 心血管病内科的灰性与研究对策. 医学与哲学, 1994, 9: 11.

[121] Tan X R, Xu Y C. Grey pattern on clinical consultation. SIGICE Bulletin, 1995, 3: 29.

[122] 许玉春, 谭学瑞. 医学的灰朦胧剖析// 刘思峰, 徐忠祥. 灰色系统研究新进展. 武汉: 华中理工大学出版社, 1996: 161-162.

[123] Zhao T S, Sun Y, Li Y Y. Grey modeling for malaria and dysentery in Yunnan. J. Grey System, 1994, 1: 43.

[124] 张华勋. 应用灰色系统预测模型对疟疾发病下降地区预测的探讨. 湖北预防医学杂志, 1994, 5: 12.

[125] 朱恩学, 耿兴斌. 灰色系统在传染病预测中的应用. 现代预防医学, 1994, 4: 229.

[126] 吴彬, 罗仁夏. 灰色系统 GM(1, 1) 模型在胃癌死亡率预测的应用. 福建医学院学报, 1994, 28: 83.

[127] 孙昌盛, 吴斌, 任金香, 等. 灰色系统 GM(1, 1) 模型在预测肝癌死亡率中的应用. 现代预防医学, 1994, 21: 32.

[128] 吴彬, 罗仁夏. 长乐县胃癌死亡率时间序列分析及预测. 现代预防医学, 1995, 2: 108.

[129] 路德泽. 灰色系统在预测肺癌发病率趋势中的应用. 数理医药学杂志, 1995, 1: 91.

参 考 文 献

[130] 王启俊, 祝伟星, 邢秀梅. 北京市城区居民癌症发病率的变化及其趋势预测. 中华预防医学杂志, 1995, (2): 99.
[131] 哈献文. 1993 年美国癌症 "三率" 的预测. 中国肿瘤, 1993, 2: 30.
[132] 王启俊, 祝伟星, 袁光亮. 2001 年北京地区癌症死亡预测. 中华流行病学杂志, 1995, 16: 195.
[133] 金嵘. 原发性心肌病流行趋势的灰色预测研究. 温州医学院学报, 1994, 1: 16.
[134] 蔡金钟. 疾病监测的灰色预测模型 GM(1, 1) 研究. 厦门大学学报 (自然科学版), 1995, 34: 121.
[135] 孙昌盛, 吴斌, 陈敏群. 应用灰色系统 GM(1, 1) 预测福建省及各地市孕产妇死亡率. 中国妇幼保健, 1994, 6: 39.
[136] 张兴亚, 李蔚泉. 甘肃省卫生资源的灰色预测模型. 中国社会医学, 1994, 6: 14.
[137] 张文斌, 徐宏亮, 童国祥. 安陆市医院卫生资源的系统预测. 数理医药学杂志, 1994, 7: 81.
[138] 吴忠, 苏薇薇, 邵俭. 灰色关联度分析在癌症与微量元素关系研究中的应用. 数理医药学杂志, 1994, 7: 358.
[139] 谭学瑞. 收缩期高血压左室舒张功能与动态血压及神经内分泌因素的灰关联研究. 西安: 西安医科大学, 1994.
[140] Huang W D, Shi H R, Tan X R. A grey relational study on detemination of stroke volume wity D and M echocardiography. J. Grey System, 1994, 3: 203.
[141] Chen Y K, Tan X R. Grey relational analysis on serum markers of liver fibrosis. J. Grey System, 1995, 1: 63.
[142] 谭学瑞, 邓聚龙, 许玉春. 卡托普利降压效应的统计学与灰关联分析// 中华医学会临床药物评价专家委员会. 全国心血管药物临床评价学术研讨会论文集, 1996: 127.
[143] 房桂英, 张春玲, 谭学瑞. 丽珠替硝唑合并丽珠得乐对幽门螺杆菌相关性十二指肠溃疡疗效的灰关联分析// 中华医学杂志社和中华内科杂志编委会. 丽珠替硝唑临床应用学术论文集, 1996: 68.
[144] 房桂英, 张春玲, 谭学瑞. 三金片治疗老年慢性肾盂肾炎疗效的灰关联分析. 中国中药学会 (1996) 获奖优秀论文.
[145] 刘鹏举, 董改英. 关联度在确定药物动力学模型中的应用. 中国医院药学杂志, 1996, 3: 141.
[146] Zhao T S, Sun S J, Yang J Q, et al. Grey correlation analysis of hospital acquired infecfion and disinfection factors // 中华预防医学会和日中医学协会. 1993 年度中日医学交流会论文汇编, 1994: 294.
[147] 赵天顺, 张坚蒙, 余兰, 等. 云南西双版纳州寄生虫病现状的多维度灰关联评估. 全集寄生虫学组第二次学术研讨会议材料, 1995.
[148] 曾光明, 杨春平, 曾北危. 环境影响综合评价的灰色关联分析方法. 中国环境科学, 1995, 15: 247.
[149] 郭劲松, 龙滕锐. 废水厌氧反应器处理效率影响因素的关联度分析. 环境科学, 1994, 15: 62.

[150] 金新政. 灰关联聚类方法研究. 中国卫生统计, 1995, 3: 20.

[151] 金新政, 张文斌, 徐宏亮. 双基点灰关联综合排序方法及应用. 数理医药学杂志, 1994, 7: 304.

[152] Nelson W, Vaughan V, Mckay R J, et al. Nelson Textbook of Pediatrics. 11th ed. Philadelphia: Saunder WB, 1979: 31, 2055.

[153] Schiller N B, Shah P M, Demarria A, et al. Recommendations for quantitation of the left ventricle by two-dimentional echocardiography. Echocardiography, 1989, 2: 356.

[154] Snider A R, Serwer G A. Echocardiography in Pediatric Heart Disease. St. Louis: Mosby-YearBook, Inc., 1997.

[155] Weyman A E. Cross-sectional echocardiography. Lea & Febiger, 1980, 61(6): 1119-1125.

[156] Wallerson D C, Devereux R B. Reproducibility of echocardiographic left ventricular measurements. Hypertension, 1987, 9(2-pt-2): ll6.

[157] O'Rourke R A. Report of the joint international society and federation of cardiology/World Health Organization task force on recommendations for standardization of measurements from M-mode echocardiograms. Circulation, 1984, 69: 854A.

[158] Appletion C P, Hatle L K, Popp R L. Relation of transmitral flow velocity patterns to left ventricular diastolic study. JACC, 1988, 12: 426.

[159] Danford D A, Huhta J C, Murphy Jr D J. Dopple echocardiographic aooroaches to ventricular diastolic function. Echocardiography, 1986, 3: 33.

[160] Harizi R C, Bianco J A, Alpert J S. Diastolic function of the heart in clinical cardiology. Arch. Int. Med., 1988, 148: 99.

[161] Hatle L. Angelsen B, TromSdal A. Noninvastive assessment of atrioventricular pressure half-time by doppler ultrasound. Circulation, 1979, 60: 1096.

[162] Stoddard M F, Pearson A C, Kern M J, et al. Left ventricular diastolic function comparison of pulsed doppler echocardiography and hemodynamic indexes in subjects with and without coronary artery disease. JACC, 1989, 13: 327.

[163] 凌瑞琴. 高血压的心电图及超声心动图改变// 刘力生, 龚兰生, 孔华宇. 临床高血压病学. 天津: 天津科学技术出版社, 1990: 80.

[164] 胡良平, 周士波. 医学统计方法与 SAS 应用技巧. 北京: 中国科学技术出版社, 1991.

[165] Labovitz A J, Pearson A C. Evaluation of left ventricular diastolic function: Clinical relevance and recent Doppler echocardiographic insights. Am. Heart J., 1987, 114: 836.

[166] Snider A R. Predicition of intacardiac pressure and assessment of ventricular function with doppler echocardiography. Echocardiography, 1987, 4: 305.

[167] 王小根, 刘约翰, 余登高. 阿苯达唑连续治疗肝泡球蚴病伴梗阻性黄疸的临床观察. 中华内科杂志, 1996, 35: 261.

[168] 邱加闽, 陈兴旺, 觉呷, 等. 四川石渠县人畜包虫病流行病学调查. 中国人兽共患病杂志, 1988, 4: 38.

[169] Wilson J F, Rausch R L. Alveolar hydatid Disease: A review of clinical features of 33 indigenous cases of echinococcus multilocularis infection in Alaskan USA Eskimos. Am. J. Trop. Med. Hyg., 1980, 29: 1340.

[170] Kasai Y, Koshino I, Kawanishi N, et al. Alveolar echinococcus of the liver; studies on 60 operated cases. Ann. Surg., 1980, 191(2): 145-152.

[171] Liu Y H, Wang X G, Chen Y T, et al. Computer tomography of liver in alveolar echinococcosis treated with albendazole. Trans. R. Soc. Trop. Med. Hyg., 1993 87: 319.

[172] Trazzi S, Metti E, Frattola A, et al. Reproducibility of non-invasive and intra-arterial blood pressure monitoring: Implications for studies on antihypertensive treatment. J. Hypertents, 1991, 9: 115.

[173] Mancia G, Parati G. Experience with 24-hour ambulatory blood pressure monitoring in hypertension. Am. Heart J., 1988, 116: 1134.

[174] Mancia G. Blood pressure variability and end-organ damage. The Newsletter from IV European Meetting on Hypertension, Milian, Italy, 1993: 2.

[175] Parati G, Pomidossi G, Albini F, et al. Relationship of 24-hour blood pressure mean and variability to severity of target organ damage in hypertension. J. Hypertens, 1987, 5: 93.

[176] James G D, Pickering T G, Yee L S, et al. The reproduciblity of average ambulatory, home, and clinic pressure. Hypertension, 1988, 11: 545.

[177] 张维忠, 龚兰生, 邱慧丽, 等. 动态血压与高血压性左室肥厚的关系. 中华心血管病杂志, 1993, 21: 138.

[178] 龚兰生, 刘力生. 血压昼夜变异及其临床意义. 中华心血管病杂志, 1994, 24: 323.

[179] 郑云敏, 叶复来, 杜旭. 高血压病患者动态血压与左心室肥厚的关系. 中华心血管病杂志, 1993, 21(3): 153-154.

[180] 谭学瑞, 邓聚龙. 灰色关联分析：多因素统计分析新方法. 统计研究, 1995, 3: 46.

[181] Weber M A. Evaluating the diagnosis and prognosis of hypertension by automated blood Pressure monitoring: Outline of a symposium. Am. Heart J., 1988, 116: 1118.

[182] Weber M A. Automated blood pressure monitoring for the assement of antihypertensive treatment. Am. J. Cardiol., 1988, 62: 97-102.

[183] Pickering T G. The clinical significance of diurnal blood pressure variations-dippers and nondippers. Circulation, 1990, 81: 700, 528.

[184] Littler W A, Komsuoglu B. Which is the most accurate method of measuring blood pressure? Am. Heart J., 1989, 117: 723.

[185] Lavie C J, Schmieder R E, Messerli F H. Ambulatory blood pressure monitoring: Practical considerations. Am. Heart J., 1988, 116: 1146.

[186] Richards A M, Tonolo G, Fraser R, et al. Diurnal change in plasma atrial natriuretic peptide concectrations. Clin. Sci., 1987, 73: 489.

[187] 李春梅, 陈运贞. 老年高血压病心率功率谱初步探讨. 重庆医科大学学报, 1991, 16: 132.

[188] Lishner M, Akselrod S, Avi V M, et al. Spectral analysis of heart rata fluctuations: A non-invasive, sensitive method for the early diagnosis of autonomic neuropathy in diabetes mellitus. J. Autonomic Nervous System, 1987, 19: 119.

[189] Akselrod S, Gordon D, Madwed J B, et al. Hemodynamic reguIation: Investigation by spectral analysis. Am. J. Physiol., 1985, 249: H867.

[190] 赵光胜. 老年高血压// 赵光胜. 高血压: 发病机理与防治. 上海: 上海科学技术文献出版社, 1991.

[191] 龚兰生, 张维忠. 老年人高血压// 刘力生, 龚兰生, 孔华宇. 临床高血压病学. 天津: 天津科学技术出版社, 1990: 186.

[192] Lindpaintner K, Jin M, Wilhelm M J, et al. Intracardiac generaction of angiotensin and its physiologic role. Circulation, 1988, 77: I18-23.

[193] Brummelen P V, Bühler F R, Kiowski W, et al. Age-related decrease in cardiac and peripheral vascular responsiveness to isoprenaline: Studies in normal subjects. Clin. Sci., 1981, 60: 571.

[194] 栾佐. 心钠素研究与假说. 医学与哲学, 1991, 4: 26.

[195] 石光璞, 谢惠芳, 裴著果, 等. 长期高血压病患容量刺激后 LVEF 和血浆 ANP 变化. 中华核医学杂志, 1991, 11: 17.

[196] Birney M H, Denney D G. 心房肽: 一种有临床实用意义的激素. 杨振东, 摘译. 国外医学: 内分泌学分册, 1991, 1: 27.

[197] Volpe M, de Luca N, Atlas S A, et al. Reduction of atrial natriuretic factor circulating levels by endogenous sympathetic activation in hypertensive patients. Circulation, 1988, 77: 997.

[198] Iton H, Nakao K, Mukoyama M, et al. Pathophysioligical role of augumented atrial natriuretic polypeptide gene expression in DOCA-salt hypertension: Effects of atrial natriuretic polypeptide monoclonal antibody. Am. J. Hypertens, 1991, 4(1-pt-1): 39.

[199] Komatsu K, Tanaka I, Funai T, et al. Incerased leve of atrial natriuretic peptide messenger RNA in the hpothalamus and brainstem of spontaneously hypertensive rats. J. Hypertens, 1992, 10: 17.

[200] Sagnella G A, Markandu N D, Buckley M G, et al. Atrial natriuretic peptides in essential hypertension: Basal plasma levels and relationship to sodium balance. Can. J. Physiol. Pharmacol., 1991, 69: 1592.

[201] Ganau A, Devereux R B, Atlas S A, et al. Plasma atrial natriuretic factor in essential hypertension: Relation to cardiac size, function and systamic hemodynamics. JACC, 1989, 14: 715.

[202] 廖习清, 塞在金, 陈干仁, 等. 老年高血压病血浆心钠素浓度的初步观察. 湖南医学, 1991, 8: 265.

参考文献

[203] 田海明, 牛文宣, 张敬礼. 老年高血压血浆心钠素、血栓素 B2 及 6-酮-前列腺素 F1α 的改变. 安徽医科大学学报, 1990, 25: 197.

[204] 祁金顺. 血浆心房利钠因子水平的生理性变化及其意义. 国外医学: 内分泌学分册, 1992, 12: 34.

[205] 罗勇, 张琪. 心钠素对自发性高血压大鼠离体动脉的作用. 中国循环杂志, 1989, 4: 350.

[206] 孙梅励, 关炳江, 宋宗禄, 等. ANF 和 ACTH 对体外培养的人正常肾上腺素组织分泌醛固酮的影响. 中国医学科学院学报, 1992, 14(1): 38-41.

[207] 高晓明, 马经, 孟昭亨, 等. 心钠素的自身抗体. 北京医科大学学报, 1989, 21: 368.

[208] Hollister A S, Inagami T. Atrial natriuretic factor and hypertension: A review and meta-analysis. Am. J. Hypertens, 1991, 4(10-pt-1): 850.

[209] Talartschik J, Eisenhauer T, Schrader J, et al. Low atrial natriuretic peptide plasma concentrations in 100 patients with essential hypertension. Am. J. Hypertens, 1990, 3: 45.

[210] Ferrari P, Weidmann P, Ferrier C, et al. Dysregulation of atrial natriuretic factor in hypertension-prone man. J. Clin. Endocrinol. Metab., 1990, 71: 944.

[211] Weidmann P, Ferrari P, Allemann Y, et al. Developing essential hypertension: A syndrome involving ANF deficiency? Can. J. Pharmacol., 1991, 69: 1582.

[212] Widgren B R, Hedner T, Hedner J, et al. Resting and volume-stimulated circulating atrial natriuretic peptide in young normotensive men with positive family histories of hypertension. J. Hypertens, 1991, 9: 139.

[213] Niimura S. Attenuated release of atrial natriuretic factor due to sodium loading in saltsensitive essential hypertension. Jpn. Heart J., 1991, 32: 167.

[214] Chau N P, Chanudet X, Larroque P. Atrial natriuretic factor and ambulatory blood pressure in young male subjects with normal or borderline office blood pressure. Clin. Exp. Hypertens, 1991, 13: 479.

[215] Wambach G, Stimpel M, Bonner G. Atrial natriuretic peptide and its significance for arterial hypertension. Klin. Wochenschr., 1989, 67: 1069.

[216] Dessi-Fulgheri P, Di Noto G, Palermo R, et al. Relationship between plasma atrial natriuretic factor and urinary kallikein excretion in essential hypertensives. Am. J. Hypertens, 1991, 4(3-pt-l): 214.

[217] Schiffrin E L. Vascular receptors for atrial natriuretic peptide in hypertension. Int. J. Rad. Appl. Instrum., 1990, 17: 673.

[218] Bil'chenko A V, Vasil'ev Iu M. Atrial natriuretic factor in patients with hypertension. Kardiologiia, 1991, 31(3): 64.

[219] Sergev O, Rácz K, Varga l, et al. Dissociation of plasma atrial natriuretic peptide responses to upright posture and furosemide sdministartion in patients with normal-low-renin essential hypertension and primary aldosteronism. Clin. Exp. Hypertens, 1991, 13: 409.

[220] Colantonio D, Casale R, Desiati P, et al. Shortterm effects of atenolol and nifedipine on atrial natriuretic peptide, plasma renin activity, and plasma aldosterone in patients with essential hypertension. J. Clin. Pharmacol., 1991, 31: 238.

[221] Granger J P, Blaine E H, Stacy D L, et al. Effects of long-term increases in plasma ANP on angiotensin-induced hypertension. Am. J. Physiol. , 1990, 258(5 pt 2): H1427.

[222] 谭学瑞, 杜旭, 叶复来. 高血压病心钠素临床研究现状. 陕西医学杂志, 1994, 23: 362.

[223] 冯长顺, 黄念秋, 曾强, 等. 老年慢性阻塞性肺疾病患者血浆内皮素 −1 测定及临床意义. 中华结核和呼吸杂志, 1993, 16: 287.

[224] Stewart D J, Levy R D, Cernacek P, et al. Increased plasma endothelin-1 in pulmonary hypertension marker or mediator of disease? Ann. Intern. Med., 1991, 114: 464.

[225] Yanagisawa M, Kurihara H, Kimura S. et al. A novel potent vasoconstrictor peptide produced by vascular endothelial cells. Nature, 1988, 332: 411.

[226] 徐军, 钟南山, 周洪, 等. 低氧对内皮素释放及肺动脉平滑肌的影响. 中华结核和呼吸杂志, 1994, 17: 145.

[227] Nayler W G. Endothelin isoforms, binding sits and possible implication in pathology. Trends Pharmacol. Sci., 1990, 11: 96.

[228] Tomobe Y, Miyauchi T, Saito A, et al. Effects of endothelin on the renal artery from spontaneously hypertensive and Wistar Kyoto rats. Eur. J. Pharmacol., 1988, 152: 373.

[229] Yanagisawa M, Masaki T. Endothelin, a novel endothelium-derived peptide. Biochem. Pharmacol., 1989, 38: 1877.

[230] Kourembanas S, Marsden P A, McQuillan L P, et al. Hypoxia induces endothelin gene expression and secretion in cultured human endothelium. J. Clin. Invest., 1991, 88: 1054.

[231] 徐军, 钟南山. 内皮素与呼吸系统. 中华结核和呼吸杂志, 1994, 17: 134.

[232] Chakko S, de Marchena E, Kessler K M, et al. Right ventricular diastolic function in systemic hypertension. Am. J. Cardiol., 1990, 65: 1117.

[233] 诸骏仁, 杨蕊敏. 老年医学// 上海医学大学实用内科学编委会. 实用内科学. 北京: 人民卫生出版社, 1993: 2203.

[234] White W B, Morganroth J. Usefulness of ambulatory monitoring of blood pressure assessing antihypertensiae therapy. Am. J. Cardiol., 1989, 63: 94.

[235] Weber M A, Cheung D G, Graettinger W F, et al. Characterization of antihypertensive therapy by whole-day blood pressure monitoring. JAMA, 1988, 259: 3281.

[236] O' Brien E, Sheridan J, O' Malley K. Dippers and non-dippers. Lancet, 1988, 13: 397.

[237] White W B, Dey H M, Schulman P. Assessmemt of the daily blood presseure load as a determinant of cardiac function in patients with mild-to-moderate hypertension. Am. Heart J., 1989, 118: 782.

[238] Silagy C A, McNeil J J, McGrath B P. Isolated systolic hypertension: Does it really exist on ambulatory blood pressure monitoring? Clin. Exp. Pharmacol. Physiol., 1990,

17: 203.

[239] Brigden G, Broadhurst P, Cashman P, et al. Effects of noninvasive ambulatory blood pressure measuring devices on blood pressure. Am. J. Cardiol., 1990, 66: 1396.

[240] O'Rourke M. Arterial stiffness, systolic blood pressure, and logical treatment of arterial hypertension. Hypertrnsion, 1990, 15: 339.

[241] Rutan G H, McDonald R H, Kuller L H. A historical perspective of elevated systolic vs diastolic blood pressure from an epidemiological and clinical trial viewpoint. J. Clin. Epidemiol., 1989, 42: 663.

[242] Rutan G H, Neaton J D, Kuller L H, et al. Mortality associated with diastolic hypertension and isolated systolic hypertension among men screened for the multiple risk factor intervention trial. Circulation, 1988, 77: 504.

[243] Sowers J R. Hypertension in the elderly. Am. J. Med., 1987, 82(1B): 1.

[244] Siegel D, Kuller L, Lazarus N B, et al. Predictors of cardiovascular events and mortality in the systolic hypertension in the elderly progam pilot project. Am. J. Epidemicl., 1987, 126: 385.

[245] Hulley S B, Furberg C D, Gurland B, et al. Systolic hypertension in the elderly program (SHEP): antihypertensive efficacy of chlorthalidone. Am. J. Cardiol., 1985, 56: 913.

[246] Kuramoto K, Matsushita S, Shibata H. Effects of hypertension and antihypertensive drugs on cardiovasular complications in the elderly. Jpn. Cire. J., 1988, 52: 1.

[247] 谭学瑞, 叶复来, 杜旭, 等. 收缩期高血压左室充盈功能与动态血压的关系. 心功能杂志, 1996, 4: 236.

[248] 祝蓓莉. 心钠素与心血管疾病. 心血管病学进展, 1990, 2: 11.

[249] 汤健, 唐朝枢, 丁金凤. 心血管疾病 (基础·临床). 北京: 北京医科大学中国协和医科大学联合出版社, 1990: 110.

[250] Hanrath P, Mathey D G, Siegert R, et al. Left ventricular relaxation and filling pattern in different form of left ventricular hypertrophy: An echocardiographic study. Am. J. Cardiol., 1980, 45: 15.

[251] Hartford M, Wikstrand J, Wallenlin I, et al. Diastolic function of the heart in untreated primary hypertension. Hypertension, 1984, 6: 329.

[252] Papademetriou V, Gottdiener J S, Fletcher R D, et al. Echocardiographic assessment by computer assisted analysis of diastolic left ventricular function and hypertrophy in borderline or mild systemic hypertension. Am. J. Cardiol., 1985, 56: 546.

[253] Phillips R A, Coplan N L, Krakoff L R, et al. Doppler echocardiographic analysis of left ventricular filling in treated hypertensive patients. JACC, 1987, 9: 317.

[254] Mancia G, Casadel R, Mutti E, et al. Ambulatory blood pressure monitoring in the evaluation of antihypertensive treatment. Am. J. Med., 1989, 87(6B): 64S-69S.

[255] Pouleur H, Hanet C, Rousseau M F, et al. Relation of diastolic function and exercise capacity in ischemic left ventricular dysfunction. Role of beta-antagonists. Circulation,

1990, 82: 189-96.

[256] Packer M. Abnormalities of diastolic function as a potential cause of exercise in tolerance in chronic heart failure. Circulation, 1990, 81: III 78-86.

[257] Lindpaintner K, Ganten D. The cardiac renin-angiotensin system: An appraisal of present experimental and clinical evidence. Circ. Res., 1991, 68: 905.

[258] 章友华, 徐守春. 大鼠压力负荷性心肌肥厚时心脏肾素、血管紧张素II及心肌组织离子含量的改变. 中国循环杂志, 1994, 9: 225.

[259] Mochizuki T, Eberli F R, Apstein C S, et al. Exacerbation of ischemic dysfunction by angiotensin II in red cell-perfused rabbit hearts. Effects on coronary flow, contractility, and high-energy phosphate metabolism. J Clin. Invest. 1992, 89(2): 490-498.

[260] 谭学瑞, 叶复来, 杜旭, 等. 动态血压变异性与高血压性左室肥厚的关系. 中华心血管病杂志, 1996, 24: 266.

[261] VACS. Effects of treatment on morbidity in hypertension I . JAMA, 1967, 202: 116.

[262] VACS. Effects of treatment on morbidity in hypertension II . JAMA, 1970, 213: 1143.

[263] VACS. Effects of treatment on morbidity in hypertension III. Circulation, 1972, 45: 991.

[264] Hypertension Detection and Follow-up Program Cooperative Group. Five-year findings of the hypertension detection and follow-up program. JAMA, 1979, 242: 2562.

[265] Helgeland A. Treatmemt of mild hypertension: A five-year controlled drug trial: The Oslo study. Am. J. Med., 1980, 69: 725.

[266] Hypertension Detection and Follow-up Program Cooperative Group. The effect of treatment on mortality in "mild" hypertension. N. Engl. J. Med. ,1982, 307: 976.

[267] Multiple Risk Factor Intervention Trial Research Group. Multiple risk factor intervention trial risk factor changes and mortality results. JAMA, 1982, 248: 1465.

[268] Amery A, Brixko P, Clement D, et al. Mortality and morbidity results from the European Working Party on High Blood Pressure in the elderly trial. Lancet, 1985, 325: 1349.

[269] 编者的话. 中国医学论坛报, 1995, 50: 1.

[270] 王宪衍. 抗高血压新药疗效评价及其方法// 刘力生, 龚兰生, 孔华宇. 临床高血压病学. 天津: 天津科技出版社, 1990: 260-262.

[271] Penston J G, Wormsley K G. Maintntenace treatment with H2-receptor antigonists for peptic ulcer disease. Aliment. Pharmacol. Ther., 1992, 6: 3.

[272] Levi S, Beardshall K, Playford R, et al. Campylobacter pylori and duodenal ulcers: The gastric link. Lancet, 1989, 333: 1167.

[273] EI-Omar E, Penman I , Dorrian C A, et al. Eradicating helicobacter pylori infection lowers gastrin mediated acid secretion by two thirds in patients with duodenal ulcer. Gut., 1993, 34: 1060.

[274] Kostis J B. Angiotensin converting enzyme inhibitors. I . Pharmacology. Am. Heart J., 1988, 116: 1580.

[275] Kostis J B. Angiotensin converting enzyme inhibitors. II. Clinical use. Am. Heart J., 1988, 116: 1591.
[276] 平庆功, 臧梦维, 陈堃, 等. 氨氯地平、卡托普利逆转高血压左室肥厚效应的对比. 高血压杂志, 1996, 4: 298.
[277] 黄佩文, 张庆怡, 张桂生, 等. 尿微蛋白系列测定在糖尿病肾病诊治中的评价. 上海医学, 1995, 18: 572.
[278] 张庆怡, 张桂生, 刘国明, 等. 三种不同肾脏病尿蛋白差异的研究. 上海第二医科大学学报, 1996, 16: 43.
[279] 倪兆慧, 张桂生. 尿微量系列蛋白测定在肾脏疾病中的临床意义. 综合临床医学, 1995, 11: 241.
[280] Wilson S K. Role of oxygen-derived free radicals in acute angiotensin II-induced hypertensive vascular disease in the rat. Circ. Res., 1990, 66: 722.
[281] Wen K L, Wu J H. Weighed grey relational grade. J. Grey System, 1996, 2: 131.
[282] 朱文玲, 郑豪义. 国产链激酶急性心肌梗塞溶栓治疗临床试验研究. 全国心血管药物临床评价学术研讨会论文集. 中华医学会临床药物评价专家委员会, 1996: 65-67.
[283] 赵冬, 吴兆苏, 姚丽, 等. 北京地区急性冠心病事件病死率的变化趋势——MONICA 方案的研究结果. 中华心血管病杂志, 1994, 22: 353.
[284] Lorell B H, Paulus W, Grossman W, et al. Improved diastolic compliance in hypertrophic cardiomyopathy treated with nifedipine. Circulation, 1980, 62: 317.
[285] 何秉贤. 钙拮抗剂临床应用新问题// 中华医学会临床药物评价专家委员会. 全国心血管药物临床评价学术研讨会论文集, 1996: 96.
[286] 戴玉华, 余国膺. 关于钙拮抗剂的一场争论. 中华医学会临床药物评价专家委员会, 1996: 24.
[287] 陈念航, 饶曼人. 间硝苯啶与硝苯啶对豚鼠工作心脏缺血再灌注损伤的保护作用. 中国药理学报, 1989, 10(2): 156.
[288] Belz G G, Kirch W, Kleinbloesem C H. Angiotensin converting enzyme inhibitors: Relationship between pharmacodynamics and pharmacokinetics. Clin. Pharmacokinet, 1988, 15: 295.
[289] Workshop Newsletter. The many faces of angina. Report on a Workshop held at the European Heart House, Sophia Antipolis, France. May 28, 1994.
[290] 链激酶多中心临床试验协作组. 急性心肌梗塞链激酶静脉溶栓疗法的多中心试验. 中华心血管病杂志, 1994, 22: 403.

附录 作者团队近年来医学灰关联应用性成果列题

[1] Pan H, Tan X. Application of grey relational analysis to hypertension clinical trials. Journal of Grey System, 2007, 19: 125-136.

[2] Huang X, Liu S, Chen Y, Tan X. Ergodic grey relation between plasma renin activity and ambulatory blood pressure in non-dipper hypertensive males. IEEE International Conference on Systems, Man and Cybernetics, 2008: 2034-2038.

[3] Ren S, Zou N, Dong J, Zhang W, Huang X, Huang Z, Tan X. Grey relational grade between preoperative CA19-9 level and survival of patients with pancreatic cancer on palliative surgery. Journal of Grey System, 2008, 20: 219-228.

[4] Chen Y, Hang X, Tan X. Grey relation between circadian blood pressure and plasma rennin activity in dipper female patients with essential hypertension. 14th International Congress of Cybernetics and Systems of WOSC Wroclaw, Poland, 2008: 9-12.

[5] Ren S, Peng L, Zou N, Tan X. Better outcomes of varicose veins with EVLT alone than in combination with Trivex by GRA. Journal of Grey System, 2008, 20: 195-204.

[6] Ren S, Zou N, Dong J, Zhang W, Huang X, Huang Z, Tan X. Grey relational analysis of value of CA19-9 levels in predictability of resectability of pancreatic canner. Journal of Grey System, 2008, 20: 281-293.

[7] Chen B, Zhu J, Tan X. Grey relation between coronary lesions and serum lipoid substance. Journal of Grey System, 2009, 21: 351-356.

[8] Chen Y, Chen X, Pan H, Tan X. Grey relation between hemodynamic parameters and the diversity of invasive-noninvasive systolic blood pressure. IEEE International Conference on Grey Systems and Intelligent Services, 2009: 158-161.

[9] Lu X, Zhu J, Wang J, Li Z, Tan X. Grey relation between blood pressure, BMI as well as age and ventricular rate in hypertensive patients with persistent atrial fibrillation. Journal of Grey System, 2010, 22: 227-232.

[10] Chen X, Huang X, Tan X. Polar grey relational analysis on sexual satisfaction and hemoglobin in essential hypertensive patients. Journal of Grey System, 2010, 22: 89-96.

[11] Huang R, Tan X. Ergodic grey relation on systolic blood pressure with heart rate and plasma endothelin in reverse-dipper hypertensives. IEEE International Conference on Grey Systems and Intelligent Services, 2011: 74-78.

[12] Li X, Liao X, Zhang X, Chen X, Wang H, Tan X. Application of GM model and GRA on the evaluation for financial burden of patients at hospitals in China by PPP Model. Journal of Grey System, 2013, 25: 112-128.

[13] Shen X, Ou L, Chen X, Zhang X, Tan X. The application of the grey disaster model to forecast epidemic peaks of typhoid and paratyphoid fever in China. Plos One, 2013, 8: e60601.

[14] Li X, Liao X, Tan X, Wang H. Using grey relational analysis to evaluate resource configuration and service ability for hospital on public private partnership model in China. IEEE International Conference on Grey Systems and Intelligent Services, 2014: 72-77.

[15] Shen X, Ou L, Tan X. Applications of grey prediction model for quantity prediction of medical supplies: A case study. IEEE International Conference on Grey Systems and Intelligent Services, 2013: 173-176.

[16] Chen Y, Zhu Y, Chen C, Chen X, Pan H, Chen S, Tan X. Relationship between non-invasive and invasive blood pressure values in end-stage renal disease patients on dialysis. Blood Pressure Monitoring, 2014, 19: 72.

[17] Li X, Liao X, Tan X, Zheng K, Xu X, Chen X. Evaluation of work efficiency and medical quality for a hospital on the PPP model in China with benchmarking and GRA. Journal of Grey System, 2015, 27: 70-79.

[18] Zhu J, Tan X, Lu N, Chen S, Chen X. Software solution of medical grey relational method based on SAS environment. Grey Systems: Theory and Application, 2016, 6: 309-321.